污泥厌氧消化过程中
残余絮凝剂影响及调控

Influence and Regulation of
Residual Flocculant in
Sludge Anaerobic Digestion

王冬波　伍艳馨　刘旭冉　等 编著

化学工业出版社

·北京·

内容简介

本书以污泥中残余絮凝剂对厌氧消化过程的影响及调控为主线，主要介绍了常见絮凝剂的功能特性以及在污水-污泥处理过程中的使用和残余情况，从絮凝剂在厌氧消化系统中的迁移转化出发，以含絮凝剂污泥厌氧消化系统宏观处理效能、典型生化过程动力学、微生物群落特性等为基础，多层次、多角度地阐明了絮凝剂在污泥厌氧消化过程的影响行为与作用机理及调控策略；最后进行了总结和趋势分析。

本书旨在形成一套较为完整的絮凝剂对厌氧消化影响与调控的科学理论与应用体系，以期为推动絮凝剂的研发、应用与生态风险防控、污水处理厂的资源和能源回收以及双碳目标的实现做出贡献，具有较强的科学严谨性、针对性和技术应用性，可供从事污水处理处置，污泥无害化、减量化、资源化等的工程技术人员、科研人员和管理人员参考，也可供高等学校环境科学与工程、市政工程、生态工程及相关专业师生参阅。

图书在版编目（CIP）数据

污泥厌氧消化过程中残余絮凝剂影响及调控/王冬波
等编著．—北京：化学工业出版社，2022.12（2023.8重印）
ISBN 978-7-122-42698-7

Ⅰ．①污…　Ⅱ．①王…　Ⅲ．①絮凝剂-影响-污泥处理-厌氧消化-化学过程-研究　Ⅳ．①X703

中国国家版本馆 CIP 数据核字（2023）第 000218 号

责任编辑：刘兴春　刘　婧　　　　　　　　　装帧设计：刘丽华
责任校对：宋　夏

出版发行：化学工业出版社（北京市东城区青年湖南街 13 号　邮政编码 100011）
印　　装：涿州市般润文化传播有限公司
710mm×1000mm　1/16　印张 12¾　彩插 6　字数 205 千字
2023 年 8 月北京第 1 版第 2 次印刷

购书咨询：010-64518888　　　　　　　　　售后服务：010-64518899
网　　址：http://www.cip.com.cn
凡购买本书，如有缺损质量问题，本社销售中心负责调换。

定　　价：98.00 元

前言

絮凝剂能够通过压缩双电子层、吸附-电性中和、吸附架桥、网捕-卷扫等作用，使溶液中悬浮胶体或颗粒脱稳、聚集、沉淀，在水处理领域得到广泛使用，包括工业用水处理、给水净化以及城市污水处理与处置。早在明朝《天工开物》中就有使用明矾作为絮凝剂用于净水的记载，以絮凝剂为代表的水处理药剂给人类生产生活带来极大便利，在水污染治理、用水质量保证以及水资源可持续利用等方面发挥了极其重要的作用。在享受絮凝剂带来的便利的同时，人们却往往忽略了被沉淀和分离的固体物质（例如絮凝污泥）的去向及其对环境造成的影响。

随着我国双碳目标的确立，减污降碳、节能降耗与资源回收成了全社会的广泛议题，通过污泥厌氧消化等方式回收污水中的资源和能源被赋予了战略性的意义。然而，实际污泥厌氧消化过程中资源和能源的回收效率并不理想，一定程度上阻碍了这一过程的应用与推广。为提高污泥处理过程中资源和能源的回收效率，国内外研究大多聚焦于通过预处理提升污泥中有机物的溶出，以及探索利用厌氧消化中间产物如短链脂肪酸或者氢气作为资源回收的可能性，但忽略了水处理环节中被大量添加、最终富集在剩余污泥之中的絮凝剂对污泥厌氧消化的影响。实际上，絮凝剂由于其自身特性，对消化反应器中有机物具有团聚作用，阻碍酶和有机基质的接触，严重影响污泥厌氧消化过程的甲烷回收性能，且不同种类絮凝剂的絮凝性及其对微生物产生的毒性也各不相同。

湖南大学环境与工程学院王冬波教授及其团队长期从事固体废物尤其是城市剩余污泥的减量化、资源化和无害化处理处置等研究，从基础理论、技术开发到工程应用等方面开展了一系列研究工作并取得了一些创新性成果。依托国家自然科学基金、湖南省杰出青年基金、湖南省科技重大专项等项目资助，团队开展了大量关于污泥中残余絮凝剂对厌氧消化过程的影响及调控等研究工作。基于此，王冬波教授科研团队开始了本书的编著。本书首先系统论述了多种常见的有机/无机/复合型絮凝剂功能与特性，总结了絮凝剂在污水-污泥处理系统中的使用和残余情况，结合目前剩余污泥厌氧消化处理现状，阐明了絮凝剂在厌氧系统中的迁移与转化情况；然后，根据厌氧处理系统宏观处理效能、典型生化过程动力学、微生物宏观与微观特性以及絮凝剂迁移转化等方面，多层次、多角度地论述了污泥中残余絮凝剂对厌氧处理过程的影响行为与作用机理，在此基础上探究了能够实现"絮凝剂有效降解/稳定-絮凝剂不利影响有效控制-甲烷高效产生"的多种絮凝污泥厌氧消化系统有效调控策略；最后，进行了结论总结和趋势分析。本书试图形成一套较为完整的絮凝剂对厌氧消化影响与调控的科学理论与应用体系，为推动絮凝剂的研发、应用、生态风险防控、污水处理厂的资源与能源回收以及我国双碳目标提供理论依据、技术支撑和案例借鉴。

本书是集体劳动和智慧的结晶，全书由王冬波、伍艳馨、刘旭冉等编著，参与课题研究和本书资料搜集与整理的人员还有熊炜平、曾苗桐、谭小飞、张长、曾光明、符气梓、李晨曦、杨静楠、都明婷、何丹丹、卢琦、邓倩、鲁敏、吴超、王曼玉、楚骁等（排名不分先后）。本书在编著过程中也得到了其他老师和同学们的大力支持和帮助，在此表示衷心的感谢！

限于编著者水平与编著时间，书中难免出现疏漏和不当之处，敬请各位读者指正。

编著者
2022 年 10 月

目录

第1章
概　述

第2章
絮凝剂在厌氧消化系统中的迁移与转化

第3章

絮凝剂对污泥厌氧消化处理效能的宏观影响

第4章

絮凝剂对污泥厌氧消化的影响机理

第5章
絮凝剂对污泥厌氧消化中微生物生态的影响

第6章
含絮凝剂污泥厌氧消化过程的调控

第7章
结论与趋势分析
▼

附录
▼

第1章
概　述

- 絮凝剂概况
- 絮凝剂在污水/污泥处理中的
  应用
- 絮凝剂在污泥中的残余现状
- 城镇污泥厌氧消化处理现状

国内絮凝剂的应用最早可以追溯到明朝民间对明矾［$KAl(SO_4)_2 \cdot 12H_2O$］的使用。20世纪50年代，人工合成的有机高分子絮凝剂开始出现，20世纪70年代无机高分子絮凝剂在日本和我国被率先研发应用[1]。随着社会和经济的发展，水资源匮乏和水体污染已经成为我国乃至全球面临的危机之一。目前常用的水处理方法有生化法、离子交换法、吸附法、化学氧化法以及混凝沉降法等。其中，混凝沉淀法可以通过吸附架桥、电中和及卷扫作用将水中的胶体粒子、金属离子乃至细菌、真菌、病毒等微生物吸附、稳定、聚集，通过重力作用沉淀，从而实现水体净化[2]。由于絮凝法具有高效、廉价以及便于操作等特性，在水处理领域被大量使用，成为应用较为广泛的水处理方法。

市政污水处理厂在保护水体环境中起到极其重要的作用[3]，污泥作为污水处理厂副产物，在水处理过程中大量产生。污泥包含大量致病菌、重金属等污染物，具有不稳定、易腐败、容量大等特点，在常规的填埋、土地利用等处置过程中极易引发二次污染；同时，污泥也含有大量的蛋白质、糖、脂肪等有机物，其质量占比为污泥干重的50%～70%，因此污泥具有污染源和可利用资源的双重属性。厌氧消化技术可以有效杀灭污泥中的致病菌，在实现污泥减量化和稳定化的同时有机物得到有效回收利用，并生成甲烷等能源物质，减少温室气体的排放，同步实现碳减排和碳回收的效果。研究指出，污水处理行业碳排放量占全社会总排放量的1%～2%，而污泥处理处置碳排放量占污水处理厂总碳排放量的10.01%～29.09%，因此污泥处理处置过程中的碳减排和碳回收对全球碳中和具有重要意义。

目前常用的絮凝剂主要有无机絮凝剂、有机絮凝剂以及复合絮凝剂等[8]，其广泛应用于石油、纺织、制糖、医药、食品、化妆品等行业，不可避免地导致絮凝剂被释放进入污水处理系统中，且由于污水处理过程对难降解污染物的浓缩作用，使得絮凝剂最终在污泥中被聚集[9-10]。此外，絮凝剂在污水预处理、污泥浓缩以及污泥脱水调理环节中的大量使用，直接导致大量絮凝剂进入污泥之中。随着社会经济进一步发展，水循环需求增大、更高要求环境标准的实施以及国家水治理专项的推动，絮凝剂在污泥中的含量将进一步增加[11]。

污泥中絮凝剂的广泛存在，可能会对污泥厌氧消化这一碳回收和碳减排过程造成影响。目前，有关絮凝剂对污泥厌氧消化过程影响已有大量研究，基于此，本书通过综合性的整理、尝试从不同角度给出理论性的指导意见，用以实现本书在实际工程应用中的参考价值。

1.1 絮凝剂概况

胶体被压缩双电层而发生脱稳的过程为凝聚（coagulation），高分子聚合物由于吸附架桥作用而凝结成大颗粒的过程为絮凝（flocculation），在水处理过程中絮凝作用与凝聚作用一般同时发生，很难将二者分开[12]。一般来说，絮凝剂是起絮凝作用的药剂，混凝剂是同时起凝聚与絮凝作用的药剂[13]。为了阐述简洁，在本书中絮凝剂/混凝剂统称为絮凝剂。

1.1.1 无机絮凝剂

1.1.1.1 无机低分子絮凝剂

无机絮凝剂在水处理领域的应用最早可以追溯到中国明朝对明矾 [$KAl(SO_4)_2 \cdot 12H_2O$] 的使用。传统无机低分子絮凝剂主要包括水溶性的二价或者三价金属盐，主要为铁盐或者铝盐。

常用的无机低分子絮凝剂见表 1-1。

表 1-1 常用无机低分子絮凝剂

无机絮凝剂种类	名称	分子式
铝系	硫酸铝	$Al_2(SO_4)_3 \cdot 18H_2O$
	氯化铝	$AlCl_3 \cdot 6H_2O$
	磷酸铝	$AlPO_4$
	硫酸铝钾(明矾)	$Al_2(SO_4)_3 \cdot K_2SO_4 \cdot 24H_2O$
	铝酸钠	$NaAlO_3$
铁系	硫酸亚铁(绿矾)	$FeSO_4 \cdot 7H_2O$
	硫酸铁	$Fe_2(SO_4)_3 \cdot 2H_2O$
	氯化铁	$FeCl_3 \cdot 6H_2O$

在絮凝剂的发展历史中，以水合硫酸铝为代表的铝盐被最早应用于水处理领域，随后人们发现铁盐用于絮凝时对环境温度和 pH 值（Hydrogen ion concentration）的适应范围更为广泛，铁系絮凝剂也逐渐应用开来[14]。在水溶液中，无机低分子铁盐或者铝盐与带负电荷的胶体颗粒发生电中和，

使得颗粒 Zeta 电位降低，悬浮颗粒脱稳，双电层被压缩，颗粒聚集，因此实现固液分离。

（1）铝系絮凝剂

最常用的铝系低分子絮凝剂是硫酸铝。目前，全世界的硫酸铝年产量为 $(4\sim5)\times10^6$ t，在给水和污水处理中均有应用。自 1884 年美国将硫酸铝用于给水处理并取得专利以来，硫酸铝因其优异的絮凝性能被广泛应用。此外，常用的铝系低分子絮凝剂还有氯化铝、磷酸铝和明矾等（表 1-1）。明矾在我国的使用历史已有几千年，常用于饮用水的净化[15]。当铝盐用于水处理时，在水体中会发生一系列水解过程，根据水体环境酸碱度的不同，其水解产物也会发生变化。

$$Al^{3+} \rightleftharpoons Al(OH)_2^+ \rightleftharpoons Al(OH)^{2+} \rightleftharpoons Al(OH)_3^0 \rightleftharpoons Al(OH)_4^- \quad (1\text{-}1)$$

具体的水解过程如式(1-1) 所示，当处于强酸性条件时铝离子以三价铝的形态存在，此时以吸附电中和为主，随着 pH 值不断升高，其水解形态逐渐改变；当 pH 值为 7.5 左右时，铝元素主要以氢氧化铝的形态存在；当水溶液呈碱性时，铝离子主要以偏铝酸根的形态存在。一般来说，铝系絮凝剂理想的 pH 值使用范围为 5.8～6.9。

铝系絮凝剂应用范围广，工艺成熟，水解过程产生的矾花大，网捕卷扫效果优异，在市政给水领域的除浊、脱色以及市政生活污水的治理中应用广泛，在除藻、硅、铁、锰等工业过程中也经常被使用。低分子铝系混凝剂虽然使用方便，但缺陷也比较明显。例如，其在环境温度较低时水解困难，形成的絮体比较松散；其适用的 pH 值范围较窄；已经处理后的水中的铝残留，可能会对人体健康造成一定损害；此外，由残留铝引起的自发絮凝，还会造成一些系统性的问题[16]。

（2）铁系絮凝剂

铁系低分子絮凝剂主要包括硫酸亚铁、三氯化铁等（见表 1-1）。

铁盐的水溶液化学性质和铝盐类似。相对于铝盐，铁盐有价格低、易溶于水，形成的矾花密度大、易沉降、低毒、在处理低温及低浊水时的效果好、适用的 pH 值范围宽等优势。此外，铁系絮凝剂对多种水质条件下悬浮颗粒的絮凝沉淀效果显著，特别是对重金属、硫化物处理效果优越，且生成的矾花可以吸附去除水中难降解的油类和聚合物，有效降低磷含量，因此铁系絮凝剂被广泛应用于水处理领域[17]。

污泥厌氧消化过程中残余
絮凝剂影响及调控

三价铁离子的水解-聚合-老化-氢氧化铁沉淀过程如式(1-2)~式(1-4)[18]。

$$[Fe(H_2O)_6]^{3+} + H_2O \longrightarrow [Fe(H_2O)_5(OH)]^{2+} + H_3O^+ \qquad (1\text{-}2)$$

$$[Fe(H_2O)_5(OH)]^{2+} + H_2O \longrightarrow [Fe(H_2O)_4(OH)_2]^+ + H_3O^+ \quad (1\text{-}3)$$

$$2[Fe(H_2O)_5(OH)]^{2+} \longrightarrow [Fe_2(H_2O)_8(OH)_2]^{4+} + 2H_2O \qquad (1\text{-}4)$$

但含铁溶液如三氯化铁等酸性较强，对设备存在严重腐蚀性，且铁系絮凝剂中的二价铁离子与水中杂质可能会形成络合物，使得水溶液中色度不易去除干净，造成出水色度不达标。上述缺陷限制了铁系絮凝剂的应用。

1.1.1.2 无机高分子絮凝剂

随着絮凝剂应用越来越广泛，人们对金属盐的水解聚合反应和混合机理的认知有了长足的发展。在研究无机絮凝剂的絮凝机理时，研究者发现采用传统混凝剂金属盐的水解和聚合反应对水体中胶体物质脱稳有较大的影响，从而影响混凝效果。基于此，无机高分子絮凝剂的制备和应用技术逐渐发展起来。由于传统的低分子絮凝剂受 pH 值影响大，应用场合受限，大量高分子絮凝剂被研发出来用以提升污水处理性能。常用的无机高分子絮凝剂见表1-2。其中无机高分子絮凝剂多数为铝和铁盐的水解-络合-沉淀相关的动力学中间产物，现已成功应用于给水、工业废水以及城市污水的处理（包括前处理、中间处理和深度处理），逐渐成为主流絮凝剂。

表1-2　常用无机高分子絮凝剂

絮凝剂种类	名称	化学式
铝系	聚合氯化铝(PAC)	$[Al_2(OH)_nCl_{6-n}]_m$
	聚合硫酸铝(PAS)	$[Al_2(OH)_n(SO_4)_{3-n/2}]_m$
	聚合硫氯化铝	$[Al_2(OH)_n(SO_4)_{m/2}Cl_{6-n-m}]_r$
铁系	聚合硫酸铁(PFS)	$[Fe_2(OH)_n(SO_4)_{3-n/2}]_m$
	聚合氯化铁(PFC)	$[Fe_2(OH)_nCl_{6-n}]_m$
无机复合型	聚合硅酸铝铁(PAFSi)	
	聚合硫酸铝铁(PAFS)	
	聚合磷酸铝铁(PAFP)	
无机-有机复合型	聚合铝-聚丙烯酰胺	
	聚合铁-聚丙烯酰胺	
	聚合铝-阳离子有机高分子	
	聚合铁-阳离子有机高分子	
	聚合铝-甲壳素	
	聚合铁-甲壳素	

在 20 世纪 30 年代时，苏联、日本、德国陆续开始了碱式盐的研究，制备出了不同的碱式铝盐，并将其应用于给水处理工艺；20 世纪 60 年代日本先后研制开发了聚合氯化铝和聚合硫酸铁生产工艺，其得到迅速发展，其中聚合氯化铝是当前产量最多、应用范围最广泛的品种，并衍生出多种复合型高分子絮凝剂。但无论哪种类型的无机高分子复合絮凝剂，其主体有效成分仍是铝、铁盐水解羟基聚合络离子。20 世纪 60～70 年代，我国无机高分子絮凝剂的开发和应用迅速发展，在原料、生产工艺及技术路线上充分体现了中国特色[19-24]。自汤鸿霄等利用废酸碱溶铝灰法成功制备聚合氯化铝后，我国聚合铝絮凝剂产业便开始了迅猛发展，并形成了原料来源广泛、多种工艺并行的格局[25]；20 世纪 70 年代中后期，无机高分子絮凝剂在世界各国得到普遍应用。到了 20 世纪 80 年代，由于原先的生产工艺和产品质量所产生的问题，促使铝酸钙粉成为当时聚合铝絮凝剂生产厂家通用的生产方法，同时研制出了聚合硫酸铁絮凝剂。此后，许多研究机构对各类絮凝剂的生产工艺、絮凝特性及其应用进行了广泛的研究，取得显著成果[20]。

这些无机高分子絮凝剂以—OH 作为架桥形成多核的络离子，从而生成高分子无机化合物。由于其絮凝能力强、使用效果好，且价格低廉的特性，无机高分子絮凝剂被广泛应用于给水、工业废水及城市污水处理的各环节。相对传统絮凝剂，无机高分子絮凝剂对水质以及环境适应范围广，尤其对低温、低碱、低浊度的微污染水质处理效果良好，有效弥补了低分子絮凝剂应用上的不足。其中聚合氯化铝和聚合硫酸铁是两种较为常见的无机高分子絮凝剂。

（1）无机高分子铝盐

高分子铝盐絮凝剂的开发始于 20 世纪 50 年代的苏联、欧美国家以及日本等。在 1931 年，有人在测定铝盐的扩散系数时发现溶液中存在铝的聚合形态[26]。到 20 世纪 70 年代中期，高分子铝盐作为一种重要的无机混凝剂受到了广泛关注，并逐步替代硫酸铝、氯化铝等传统铝盐，成为水处理药剂的主流产品。其中，聚合氯化铝（polyaluminum chloride，PAC）具有混凝效果好、适用范围广、有效成分高、药剂用量少、成本低、脱水性能好、腐蚀性小等优点。相对于传统铝絮凝剂，PAC 混凝效果优异，在偏酸或偏碱性条件下表现尤为突出[27]。我国目前用于水处理工艺的 PAC 年用量约为 5×10^5 t，且随着社会的发展，人们对洁净水体需求的提升，PAC 的用量将会逐年扩大[28]。除了 PAC，常见的无机高分子铝盐还有聚合硫酸铝以及聚合硫氯化铝等（表 1-2）。

PAC 是在特定条件下，由铝盐水解、聚合、沉淀反应生成的羟基多核配合物，由单体、二聚体、多聚体以及部分聚十三铝（Al_{13}）等羟基配合物组成。铝的水解聚合反应及其生成的产物复杂多变，除了受其制备方法（如碱化方式、搅拌强度、熟化温度及时间等）的影响，还受溶液理化参数（如浓度、pH 值、离子强度、阴离子种类等）等多种因素的综合影响[29]。聚铝水解后可提供高价聚合离子、形成多铝多羟基配合物，其通过羟基式桥连作用，处于亚稳状态。其中，碱基度（OH/Al）对絮凝性能影响很大，对于无机高分子铝盐而言，一般情况下，碱基度越高，絮凝效果越强。也有文献表明，碱基度为 75%～85%效果最佳[19]。PAC 的水解产物中存在大量的高电荷多核铝水解产物，其化学经验式可以表示为 $[Al_2(OH)_nCl_{6-n}]_m$（$n<6$，m 为聚合度），PAC 水解产物的组成通常有小分子单体 [如 $Al(OH)^{2+}$、$Al(OH)_2^+$]、二聚体 [$Al_2(OH)_2^{4+}$]、三聚体 [$Al_3(OH)_4^{5+}$]、中聚体 $\{Al_{13}[AlO_4Al_{12}(OH)_{24}(H_2O)_{12}^{7+}]\}$，以及分子量大于 3000 的惰性大分子聚合物[30]。

研究表明，铝羟基络合物的形态及分子量可以直接影响絮凝剂的性能和使用效果[31,32]。在现有研究中，铝水解产物的测定方法主要有 Al-Ferron 逐时络合比色法、小角度 X 射线衍射法和 NMR 法等[32]。Al-Ferron 逐时络合比色法基于化学显色反应，使用的仪器为常见的分光光度计，在普通实验室很容易实现，所以被广泛应用[33,34]。根据 Ferron 试剂与不同铝化合态反应时间的不同，把不同铝的水解形态分为单体（Ala）、中聚体（Alb）以及溶胶态（Alc）。其中，Alb 絮凝效果好，有优异的电中和以及网捕卷扫性能；Alc 分子量大，网捕卷扫性能优越；在 Ala 中，自由形态的 Al^{3+} 通常被视为有毒形态，可与蛋白质结合，也可与脂质、糖类和核酸等物质结合[34,35]。通常来说，在 PAC 溶液中，铝元素的水解产物种类及聚合度，同时和碱度以及环境 pH 值相关。低碱度的 PAC 在不同的酸碱条件下，水解产物的分布会有大的改变，但是高碱度的 PAC 倾向于维持本身的预水解稳定状态，不容易随环境发生改变[34]。

（2）无机高分子铁盐

无机高分子铁盐有聚合硫酸铁（polymerized ferrous sulfate，PFS）和聚合氯化铁（polymerization ferric chloride，PFC）等，其中 PFS 应用最为广泛。

PFS 是一种碱式硫酸铁聚合物，其化学通式为 $[Fe_2(OH)_n(SO_4)_{3-n/2}]_m$，式中 $0.5 < n < 1.0$，$m = f(n)$。PFS 溶液中含有大量的 $[Fe_8(OH)_{20}]^{4+}$、$[Fe_2(OH)_3]^{3+}$、$[Fe(H_2O)_6]^{3+}$ 等，其水解产物形成以羟基为架桥的多核络合物，具有良好的絮凝性能[18,36]。聚合硫酸铁以硫酸亚铁和硫酸为原料，以水为介质，由一系列化学反应制得[36]。液态 PFS 是无臭无味的红褐色黏稠液，固态 PFS 是淡黄色粉状体。

与高分子铝系絮凝剂类似，碱基度同样是评价 PFS 絮凝性能的一个重要指标，碱基度直接决定了产品的化学结构及其储存性稳定性以及絮凝性。相对于聚铝来说，无机高分子铁盐的碱基度需要控制在较低的状态，一般控制在 8%～16% 即可[37]。研究表明，在碱基度较低时，PFS 主要以低聚物形式存在，既可以发挥专属吸附作用而凝聚脱稳，又可以发挥黏结架桥和卷扫作用[38]；碱基度过高时，铁水解反应突变，从高价态聚合羟基络离子转化为高聚态低价的凝胶产物，产生 $Fe_2O_3 \cdot H_2O$ 黄色沉淀，影响产品的储存性能，降低产品的絮凝能力[18]。

在絮凝过程中，PFS 能通过水解聚合生成多核羟基络合物，络合物中铁离子的空电子轨道和氢氧根的孤电子可以通过吸附、架桥等作用中和胶体微粒和网状悬浮固体的电荷，压缩双电层，并通过网捕等作用形成絮体。聚铁在水溶液中形成大量水化络合离子，这些离子对水中胶体微粒有强吸附作用，通过中和微粒表面电荷，降低 ζ 电位，破坏其稳定性，使得离子相互碰撞失稳絮凝，从而达到固液分离的效果。聚铁水解速度快，絮体密实，沉降速度快，相对聚铝来说适应的 pH 值范围宽，在 pH 值为 4～11 的范围内均可正常使用，常用于去除水体中重金属、有机物和各类悬浮物等。相对传统铁絮凝剂而言，PFS 腐蚀性大大减小，且产品无毒，能用于脱色、除臭破乳以及污泥脱水等；同时对低温水的处理效果良好，广泛被应用于矿山、印染、电力、食品等工业领域以及市政给水排水领域[39]。

1.1.2 有机絮凝剂

然而，相较于无机低分子絮凝剂而言，无机高分子絮凝剂虽然优势明显，在水处理应用中仍受到不少限制。无机絮凝剂普遍存在投加量大、对水环境要素（温度、pH 值等）敏感、絮体体积小、沉降性能差、处理效果不佳等缺陷；无机金属盐的使用还会产生大量富含金属氢氧化物的化学污泥，处置困难，具有严重的二次污染风险；此外，无机絮凝剂可能使得出水水体中金属离子含量增加，给人体健康带来风险。近年来，阿尔茨海默病的发病在诸多病理学及相关医学研究结果中均被认为与金属铝的神经毒性相关。因此，为了克服这些障碍，人们开始探索和研发新型有机絮凝剂以降低无机絮凝剂的使用量。

有机絮凝剂的主要特点是分子链长、活性基团数量多且分子量大。其在水体的作用主要以吸附架桥为主，同时也有一部分电荷中和作用。相较于无机絮凝剂，有机絮凝剂具有用量小、絮体紧凑、粒径大，沉降快、受环境因素影响小、絮凝性能好等优点。按照来源不同，通常把有机高分子絮凝剂分为天然絮凝剂和合成絮凝剂两大类，详见表1-3。

表1-3　常用的有机絮凝剂

种类	名称
合成絮凝剂	聚丙烯酰胺
	聚丙烯酸钠
	聚磺基苯乙烯
	聚氧化乙烯
	脲醛树脂
	聚乙烯醇
	聚乙烯亚胺
	聚二甲基二烯丙基氯化铵
天然絮凝剂	海藻酸钠
	壳聚糖
	纤维素
	木质素
	淀粉
	微生物絮凝剂
	单宁酸

有机絮凝剂的絮凝作用主要分为两种，即高分子吸附架桥作用和电中和作用。当有机高分子物质浓度较低时，吸附在颗粒表面上的高分子长链同时吸附在另一个颗粒的表面上，通过"架桥"方式将两个或更多的微粒

连接在一起，从而产生絮凝作用。架桥的必要条件是微粒上存在空白表面，倘若溶液中的高分子物质浓度很大，微粒表面已全部被所吸附的有机高分子物质所覆盖，则微粒不会再通过架桥连接而絮凝，相反，此时高分子物质反而对颗粒起到稳定保护作用，因此最佳絮凝所需要的浓度都很低，往往小于 1mg/L。而当聚合物带有粒子相反的电荷时，可以产生强烈的定量吸附作用，即电中和作用。一般情况同电荷以高分子吸附架桥作用为主，异电荷以电中和作用为主。

1.1.2.1 合成絮凝剂

合成絮凝剂是一类通过有机活性单体均聚或者共聚反应得到的具有大量重复单元的线性水溶性聚合物。该类有机高分子絮凝剂具有更高的分子量，高分子长链上所携带活性官能团数量多，电荷密度大。与无机金属盐类絮凝剂相比，合成絮凝剂具有使用量低、絮体大且密实、沉降性能好、易分离、处理效果受水温及 pH 值影响小、产泥量低对后续污泥处置负担小等优点[40]，具有较大的推广和应用前景。实际工程应用中，合成絮凝剂使用量远大于天然絮凝剂，主要以聚丙烯酰胺（polyscrylamide，PAM）、聚二甲基二烯丙基氯化铵（PDMDAAC）、聚磺基苯乙烯、聚氧化乙烯等合成絮凝剂为代表，见表 1-3。

按照它们的官能团类型以及官能团在水中离解后所带电荷的性质，又可分成阴离子型有机高分子絮凝剂、阳离子型有机高分子絮凝剂、非离子型有机高分子絮凝剂和两性有机高分子絮凝剂四种，具体结构如图 1-1 所示。

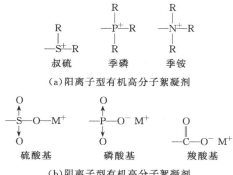

（a）阳离子型有机高分子絮凝剂

（b）阴离子型有机高分子絮凝剂

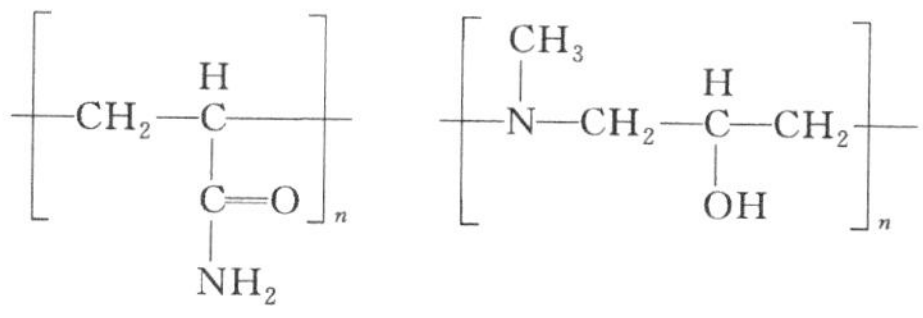

（c）非离子型有机高分子絮凝剂

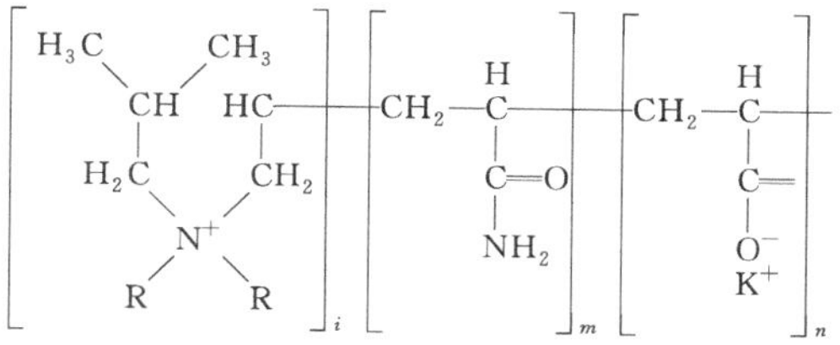

（d）两性有机高分子絮凝剂[17]

图 1-1　典型有机高分子絮凝剂化学结构

我国使用较多的合成絮凝剂是 PAM，目前生产的合成絮凝剂中 80％是此产品。表 1-4 展示了不同电荷性的 PAM 结构特性与其在各行各业中应用之间的关系[41-44]。其中阳离子型聚丙烯酰胺（cPAM）应用最为广泛，具有以下功能：

① 电中和；

② 吸附架桥。

此外，cPAM 无需调节 pH 值和添加助凝剂，由于其成本低、适应范围广的特性，被大量应用[40]。

表 1-4　PAM 结构特性与应用之间的关系

分类	结构特点	作用	应用	工业
两性 PAM	既有阳性电荷，又有阴电荷的两性离子不规则聚合物	降低胶体表面张力的能力强，具有两性离子的特性	复杂多变的水质处理絮凝剂	环保、公共事业、养殖等
非离子型 PAM	水溶性的低离子的线性有机高分子聚合物	具有絮凝、黏结、稳定胶体等作用	絮凝沉降、沉淀澄清处理造纸业、矿业以及钢材、石材制造业等各种工业废水	采矿、造纸、石油、环保等
阴离子型 PAM	含有一定数量的极性基团，通常由弱酸性羧酸基团和强酸性磺酸基团组成	通过架桥或电中和作用凝聚悬浮物质形成大的絮凝物	钢铁厂、电镀厂以及洗煤、冶金等工业的废水处理	采矿、造纸、纺织、石油、环保等

分类	结构特点	作用	应用	工业
阳离子型 PAM	线性有机高分子聚合物，能以任意比例溶解于水且不溶于有机溶剂，并且具有一定的水解度，呈高聚合物电解质的特性	对带负电荷的胶体颗粒产生絮凝作用，具有除浊、脱色、吸附等功能	城市或工业污泥脱水；处理高浓度有机废水	纺织、造纸、食品、制药、建筑、采矿、环保等

cPAM 由丙烯酰胺单体聚合而成，是一种水溶性线性高分子物质，能以各种百分比溶于水[45]，在使用中具有用量少、凝聚速度快、絮凝体大而强韧的特点，是应用最广泛的高分子化合物之一。

PAM 不仅在污水污泥处理过程中有大量应用，而且在石油开采、纺织、制糖等方面也有着广泛的应用，享有"百业助剂"之称[9]。聚丙烯酰胺作为絮凝剂使用占合成絮凝剂使用量的 86% 以上。有报道表明，2015 年全球聚丙烯酰胺行业的消费量为 168.1 万吨，消费市场的规模约 48 亿美元；2017 年聚丙烯酰胺年全球的消费量约 190 万吨，市场规模超过 50 亿美元；2018 年中国聚丙烯酰胺产量达到 110 万吨，消费量超过 100 万吨；2022 年全球聚丙烯酰胺市场规模 58.5 亿美元。随着经济、社会的持续发展，近年来，聚丙烯酰胺产能、产量快速增长，产业规模大大提升，预计到 2026 年全球聚丙烯酰胺产业规模将超过 88.7 亿美元。

1.1.2.2 天然絮凝剂

天然絮凝剂相比于合成絮凝剂，具有选择面广、绿色环保、毒性低、价格低廉等优点。相较而言，合成的高分子絮凝剂降解难度高，对环境不甚友好，因此大量天然絮凝剂被开发出来。总体而言，天然絮凝剂可以分为两类：一类是天然有机高分子絮凝剂，是具有一定絮凝能力的天然高分子化合物，如壳聚糖、淀粉、蛋白质、羧甲基纤维素钠、木质素、甲壳素、植物胶等；另一类是微生物絮凝剂，是通过真菌、细菌等在内的微生物或者由其产生的一系列产物经提取精制后得到的具备絮凝能力的生物高分子化合物。天然絮凝剂有淀粉、蛋白质、羧甲基纤维素钠、木质素、壳聚糖、甲壳素、植物胶等，这些天然高分子化合物本身具有一定的絮凝能力，因此被统称为天然有机高分子絮凝剂。由于天然絮凝剂具有低成本、来源广泛、可嫁接改性、无二次环境污染和具备可生物降解性等一系列优点，一直备受关注。本节主要选取壳聚糖和微生物絮凝剂做简单介绍。

（1）壳聚糖

壳聚糖（chitosan，CTS）是一种天然多糖甲壳素的衍生物，在自然界中存储量高，仅次于纤维素，是目前发现的唯一的碱性天然多糖[46]，主要来源于虾蟹等海洋贝类生物。壳聚糖是一种白色、略带珍珠光泽、半透明的片状或粉状固体，无臭无毒。它是甲壳素脱去55％以上 N-乙酰基后的产物，分子量从数十万至数百万不等，结构式如图 1-2 所示[47,48]。

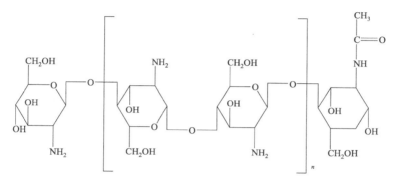

图 1-2　壳聚糖的结构式[49-51]

壳聚糖中包含丰富的游离态—NH_2，当 CTS 置于酸性溶液中时，其内部的伯—NH_2 与 H_2O 中的 H 电荷结合，产生阳离子，使其成为天然阳离子型絮凝剂。同时，CTS 能够诱发产生架桥机制，对负电性的胶体颗粒起到良好的絮凝效果。壳聚糖的分子链中含有羟基（—OH）、氨基（—NH_2）等结构多样的活性基团，由于其优异的性能，壳聚糖目前已广泛应用于生物医学、制药、口腔、眼科、化工、纺织、造纸、食品工业、农业以及摄影等行业[52-57]。高的阳离子电荷密度、优异的络合性能及其固有的聚合长链，使壳聚糖能与水体中的污染物发生架桥、絮凝和络合作用，便于污染物与干净水体的固液分离。作为天然絮凝剂，壳聚糖的无毒特性以及强可生物降解性，使得其在水处理领域备受瞩目，已被大量应用于多种水体的处理工艺中，如食品废水、染料废水、重金属废水等。壳聚糖也用于近中性溶液中金属离子的螯合、酸性溶液中金属阴离子的络合和染料的吸附络合，目前已有凝珠态或者固定床系统投入使用[60-62]。

（2）微生物絮凝剂

微生物絮凝剂是指包括真菌、细菌等在内的微生物或者由其产生的一系列产物经提取精制得到的具备絮凝能力的生物高分子化合物[63]。这类生物大分子物质能够被生物完全降解，实现零污染排放，彻底避免二次污染风险，因而受到国内外学者和研究人员的重视。

微生物絮凝剂根据其来源和构成组分不同可以划分为以下 3 大类：

① 能够直接作为絮凝剂使用的微生物细胞，包括大量存在于活性污泥、土壤以及沉积物中的部分放线菌、细菌、酵母菌以及霉菌等；

② 部分微生物细胞尽管无法被直接用作絮凝剂，但是其细胞壁提取物可以作为絮凝剂加以使用，常见的有酵母细胞壁所含有的蛋白质、葡萄糖、甘露聚糖以及 N-乙酰葡萄糖胺等物质；

③ 将包括细菌黏液以及荚膜等在内的微生物细胞所分泌到细胞外的代谢产物用作絮凝剂，其主要功能成分包括除水分之外的多糖以及少量的多肽、脂类、蛋白质及其复合物[64,65]，但是该类絮凝剂由于分子量较低且分子链上的阳离子单元难以人工控制、电荷密度有限、电中和效果有限、分子量较低、易发生生物降解而失去絮凝活性且对运输和保存要求较高等缺点，使用相对受限。

1.1.3 复合型絮凝剂

通过特定的化学反应将两种或两种以上种类不同的单组分絮凝剂进行复合而制备得到的新型大分子复合物被称作复合型絮凝剂。

复合絮凝剂能够充分利用不同药剂的功能特点，发挥协同增效作用，增强互补，克服单一絮凝剂的功能局限，扩大适用范围，并最终表现出比各单一药剂更加优异的使用效果。一般来说，复合型絮凝剂包括无机高分子-无机高分子、无机高分子-有机高分子、有机高分子-有机高分子以及一些微生物高分子复合型絮凝剂等，具体如表 1-5 所列。

表 1-5　复合型絮凝剂的种类及其应用[66]

类型	构造	絮凝机理	种类	参考文献
无机高分子-无机高分子	铝、铁、硅化合物。在聚铝、聚铁和聚硅酸等无机高分子絮凝剂制备过程中引入 Fe^{3+}、Al^{3+}、Ca^{2+}、Mg^{2+} 等阳离子基团的一种或几种	高分子的桥联作用；提供大量多羟基络合离子，具有很强的吸附能力；强烈的电中和性能	聚合硫酸氯化铝（PACS）	[67-70]
			聚合硅酸氯化铝（PASiC）	
			聚合硅酸硫酸铝（PASiS）	

类型	构造	絮凝机理	种类	参考文献
无机高分子-有机高分子	在一定条件下通过物理化学反应改变了原有的成分组成,形成了一种新的稳定结构高分子聚合物	主要是由聚丙烯酰胺的强架桥作用来协同增效无机高分子阳离子型电中和作用和架桥作用	PFS-PAA(聚丙烯酰胺)	[70-72]
			玉米淀粉-丙烯酰胺和(2-甲基丙烯酰氧乙基)合成的 CSSAD	
有机高分子-有机高分子复合	两种或两种以上有机高分子聚合物复合使用	发挥多种高分子聚合物的协同作用,达到提高絮凝作用和降低絮凝剂使用成本的目的	天然高分子与合成高分子接枝,如羧甲基壳聚糖接枝聚丙烯酰胺,CMC-g-PAM	[73,74]
			合成高分子与合成高分子接枝,如 CPAM 与 APAM 和 NPAM 接枝	
微生物高分子复合型絮凝剂	由一类微生物(许多微生物,包括藻类、细菌、酵母菌和真菌)产生,含有多糖、糖蛋白、蛋白质和脂质的细胞外生物聚合物	荚膜学说、纤维素纤丝学说、电中和作用机理、疏水学说和胞外聚合物架桥学说等	MBFGA1 与 PAC 复合使用	[75]
			MBFGA1 和聚[丙烯酰胺(2-甲基丙烯酰氧乙基)-三甲基氯化铵]复合使用	[76,77]

以常见的聚合氯化铝铁为例,其为多羟基桥连的铝铁聚合物,本身是 Al^{3+}、Fe^{3+} 的预水介产物,除能生成一般铁、铝盐在水解过程中生成的简单低价水解羟基离子外,还能生成大量的高价聚羟基阳离子,中和水中胶体微粒电荷和压缩双电层,通过电中和、羟基架桥、卷扫沉淀、表面吸附实现絮凝效应。一般应用于饮用水、煤矿井水和油田含油废水的处理[78,79]。在聚合磷硫酸铁中,PO_4^{3-} 能与 Fe^{3+} 作用,增强聚合硫酸铁的配位络合能力,发挥电中和、卷扫、网捕的作用,一般用于处理工业废水和生活污水[80]。聚二甲基二丙烯基氯化铵是典型的有机-无机复合絮凝剂,属于阳离子型季铵盐,拥有较高的电荷密度,通过电中和和吸附架桥作用发挥絮凝效应,一般用于废水除浊以及造纸废水的处理[81]。

1.2 絮凝剂在污水/污泥处理中的应用

1.2.1 絮凝剂在工业废水处理中的应用

工业废水中存在的污染物有小悬浮性固体、溶解性固体、无机颗粒、有机颗粒、金属和其他杂质等。由于这些微粒尺寸极小，且存在表面电荷，自然条件下，把它们聚集起来进行固液分离极具挑战性。因此，絮凝剂被广泛应用于工业废水的处理。在絮凝剂的作用下，工业废水中分散的细微颗粒团聚形成大颗粒物质，从而易于分离[82-87]。

絮凝剂在工业中的应用举例见表 1-6。

表 1-6 絮凝剂在工业中的应用举例

絮凝剂	行业	应用	参考文献
PAM	石油开采	用于调节注入水的流变性，增加驱动液的黏度等	[88]
		改变水在底层中的渗流状态，减少油田产水等	[88]
		调节钻井液的流变性，减少流体损失等	[88,89]
		压裂液添加剂	[88]
	造纸	用作助留助滤剂，与纤维、填料等紧密结合	[90,91]
		用作增强剂，增强纤维间结合力	[90,92]
		作为分散剂，促进纤维悬浮	[90,93]
		造纸废水中的微粒进行絮凝	[90]
PAC	油气开采、食品等	在乳化油污水处理中可同时发挥吸附架桥、电中和、网捕卷扫等不同絮凝机制的协同作用	[94]
	化工	PAC 可以中和化工污水中颗粒物质表面的负电荷，使其脱稳，高分子链在悬浮的颗粒物之间架桥，使颗粒物聚集，达到絮凝沉淀的效果	[84]
PFS	石油开采	加入适当三价铁离子，可以特异性与带负电胶体结合，破坏胶体间的稳定结构，脱稳后的胶体形成大的絮凝剂，可以通过重力沉淀或气浮刮渣将其去除	[95]
壳聚糖	印染	壳聚糖分子中含有大量氨基和羟基，通过氢键、静电引力、疏水交互作用对印染废水中染料进行吸附	[96]
	造纸	造纸废水中含有木质素、纤维素、挥发性有机酸等，不仅悬浮固体颗粒物(suspended solids, SS)含量高、色度大，而且含有大量成分复杂的物质。用壳聚糖处理造纸工业废水，可以对浊度、化学需氧量(chemical oxygen demand, COD)的去除起到良好效果	[97]

絮凝剂	行业	应用	参考文献
壳聚糖	电镀、冶金、制革等行业	壳聚糖分子单体中的氨基极易形成胺正离子,对此类废水中铜、镉、汞、锌、铬等重金属离子有良好的螯合作用。	[87]

在各类絮凝剂中,有机絮凝剂由于其可降解性,产生的絮凝污泥容易被处理处置,被广泛应用于含油废水、橄榄油出水、养殖废水、煤炭行业、造纸废水以及纺织废水的处理等[88-99]。无机絮凝剂在工业废水的处理中也有广泛应用,例如,由于氢氧化铁对砷的强结合力,在冶炼以及农药生产产生的各类砷污染废水处理中,含铁絮凝剂被广泛应用[88-101]。PAC 对各类废水处理效果良好,无腐蚀,且适用 pH 值广,显著降低工业废水中油脂、COD 以及颜色物质等,已越来越多地应用于工业废水处理[94],主要用于去除小颗粒和重金属、磷酸盐沉淀、病毒灭活等。壳聚糖分子中含有大量氨基和羟基,通过氢键、静电引力、疏水交互作用对印染废水中染料进行吸附[96],还可以对降低造纸工业废水中的浊度、COD 起到良好效果;电镀、冶金、制革等行业产生大量含重金属离子的废水,壳聚糖分子单体中的氨基极易形成胺正离子,对铜、镉、汞、锌、铬等重金属离子有良好的螯合作用[97]。同时,微生物絮凝剂对屠宰废水、发酵工业废液、食品工业废水、膨胀活性污泥、染料废水脱色、建材废水、炼油废水以及垃圾渗滤液的处理都能取得优良效果[102]。絮凝剂在工业废水中的广泛使用,会导致大量絮凝剂随着作业流程进入废水或污水中,从而进入污水处理系统,进而被污泥所吸附。

1.2.2 絮凝剂在给水系统中的应用

水源水体中主要污染物有颗粒物、颜色、铁镁离子、有毒有机物及水中滋生的病原体等,其中天然有机物(natural organic matter,NOM)能够对膜形成堵塞,引发致病菌繁殖,更是形成消毒副产物的重要前驱体,能够对人体健康造成重大危害,因此天然有机物是给水处理的主要对象。在各类水源水体处理方案中,絮凝处理是净化水质的常用手段和方法。絮凝剂能有效去除水体中各种杂质,包含胶体颗粒以及各溶解性有机质。所有絮凝剂中,硫酸铝最早被用于水体净化,明矾是硫酸铝与硫酸钾的复盐,制备方法最早记录于南北朝的《雷公炮炙论》，在明朝《天工开物》中记载明矾在中国民间用于饮用水的净化。

我国有近 2800 个城市自来水厂，在给水处理中常用的絮凝剂有传统低分子铝盐、铁盐以及聚铁聚铝以及各类复合絮凝剂等。其中铁盐对 NOM 有更好的处理效果，然而其出水色度以及对设备的腐蚀性限制了其在给水处理中的应用。铝盐应用最为广泛，具有稳定、易分离、出水色度低以及出泥量小等优点[16]。然而铝絮凝剂的使用会造成出水水体中铝离子的残余。有研究表明，铝在生物体富集时会引起铝性贫血、骨质疏松、大脑痴呆等疾病[103]。因此，也有研究尝试采用新型絮凝剂对给水进行处理，例如壳聚糖可以去除水中的气味、悬浮物、重金属离子，减少消毒副产物的产生，抑制水中微生物的繁殖和生长，有效降低水中的 COD 含量，还可以对饮用水中的亚硝酸盐予以有效去除，同时可以有效降低饮用水中铝离子浓度[61,62]。然而，自来水经过一系列工艺处理后会产生占总量 2%～4% 的排泥水，排泥水中不仅存在大量胶体颗粒、泥沙、细菌、藻类等悬浮物质，也含有在前段水处理工艺中被添加的各种絮凝剂所产生的残留物质，排泥水大量外排，势必携带大量残余絮凝剂进入生态环境中，最终汇入城镇污水处理厂，进入污泥厌氧消化系统中[104]。

1.2.3 絮凝剂在城镇污水处理中的应用

絮凝剂现已广泛应用于城镇污水处理系统（表 1-7），其应用主要可以概括为以下两个方面。

表 1-7　絮凝剂在城镇污水处理中的应用

絮凝剂种类	污水处理厂应用	投加量/(mg/L)	作用特点	作用机理	参考文献
PAC	初沉池，生化池，二沉池出水、污泥浓缩池	20～900	(1)对污水中色度、COD、SS、NH_4^+-N、TP、病毒以及重金属（锑、砷）等均有较好的去除效果； (2)生化反应池中铝系絮凝剂的存在可以防止污泥丝状膨胀	PAC 发生水解聚合反应，形成铝羟基多核配合物，迅速吸附水体中带负电荷的杂质，中和胶体电荷，压缩双电层及降低胶体 ζ 电位，促进胶体和悬浮物等快速脱稳、凝聚和沉淀	[106-113]

絮凝剂种类	污水处理厂应用	投加量/ (mg/L)	作用特点	作用机理	参考文献
PAM	初沉池、二沉池出水、污泥浓缩池	1～2	在污水中先投加混凝剂(如聚合氯化铝等)再投加PAM,混凝过程中形成的矾花颗粒较大、均匀、下沉速度快	其分子量较大,结构呈线形,有利于促进絮体的形成,提高沉降速度,改变沉降性能	[114-117]
PFC	污水处理厂	1000～2000	相对氯化铁,有一定的盐基度,具有腐蚀性弱的优点,但其稳定性差,影响其大规模的推广对水温的适应性强	(1)在水中存在着单羟基铁离子、二聚体,不同形态的铁络合离子可以使胶体脱稳,最终形成沉淀; (2)水解产物能与水体颗粒物进行电中和脱稳、吸附架桥或黏附网捕卷扫,从而形成粗大絮体,实现固液分离的效果	[118,119]
$FeCl_3$	初沉池、二沉池出水	40～240	(1)对污水中TP、SS去除效果较好; (2)有刺激性气味,配置过程一旦溅到身上难以清理,操作条件差; (3)pH 5～10的范围内有较好的絮凝沉淀效果	(1)污水中磷酸根与铁离子生成含磷沉淀; (2)pH 4～6时正电荷聚合体对胶体颗粒产生吸附脱稳作用; (3)pH>6时,水解生成$Fe(OH)_3$沉淀对胶体颗粒进行卷扫	[120-124]
CTS	二沉池	10～20	与传统的化学絮凝剂相比,具有投加量少、沉降速度快、去除效率高、污泥易处理、无二次污染等特点	线性分子链上含有多个羟基和氨基,其剩余电子对将电子提供给含有空d轨道的金属离子,螯合成稳定的内络盐,去除多种有害金属离子;通过静电吸附将水中颗粒凝聚沉降,去除COD和SS	[125]
微生物絮凝剂	(1)处理煤泥水,生活污水,食品加工业废水,印染废水,发酵产品; (2)处理畜产废水,膨胀污泥,砖场生产废水及废水的脱色等		(1)是一种安全、无毒、效率高、没有二次污染、广泛使用的絮凝剂; (2)生产周期短且效率高;高效、无毒;应用范围广,脱色效果好;价格低廉; (3)会受有毒物质干扰	(1)絮凝剂加入水中后,主要通过电双层的压缩、电荷的中和、吸附桥接效应和网捕方式降低颗粒间的排斥能,最终发生聚合絮凝; (2)借助离子键、氢键和范德华力,同时吸附多个胶体颗粒,在颗粒间产生"架桥"现象,从而形成一种三维网状结构而沉淀下来	[126]

① 用于一级强化混凝过程中，以进一步提高污水中悬浮颗粒和胶体物质、浊度和色度等的去除效果。例如，PAM 经常用作助凝剂配合混凝剂使用，在污水中先投加混凝剂（如聚合氯化铝等）再投加 PAM，混凝过程中形成大的矾花颗粒，能够均匀快速沉降，在提高混凝沉淀效果的前提下节省了混凝剂的用量。此外，无机絮凝剂 PAC 和 $FeCl_3$ 也经常应用于污水处理系统的初沉池，用于进水的调质。

② 絮凝剂应用于生化池后，不仅可以大幅度提高二沉出水中磷的去除，还对污泥膨胀有一定的控制作用。聚铁处理生活污水时，适宜 pH 值范围为6～10，最佳用量为 55.53mg/L，污水 COD、浊度和磷的去除率分别达到 65.18％、98.68％和 76.16％[105]。此外，PAC 具有吸附沉淀去除水体中的 SS、部分氮等物质的作用。以某城市生活污水为例，添加 PAC 后，对 COD、SS、NH_4^+-N 和 TP 都有较好的去除效果。当投加 PAC 量为 10mg/L 和 8mg/L（以 Al_2O_3 计）时，TP 去除率高达 96.8％，SS 去除率为 91.1％[106,107]。此外，对于有中水回用需求的水体，二级处理后有可能仍然达不到水质回用要求，再次进行深度处理时仍可以考虑采用化学混凝[107]。

1.2.4 絮凝剂在城镇污泥处理中的应用

为了提高污泥的浓缩效果，降低浓缩池体积，同时进一步强化系统中的泥水分离，絮凝剂经常作为辅助药剂投入浓缩池的进泥中，且投加剂量会随着浓缩工艺不同而有变动[44]。

絮凝剂在城镇污泥处理系统中的应用如表 1-8 所列。

表 1-8 絮凝剂在城镇污泥处理系统中的应用

絮凝剂名称	脱水加药浓度/(g/kg)	脱水机理	作用特点	脱水应用	参考文献
PAM	2.5～20	通过压缩双电层，电荷中和，羟基间的桥连等作用，使胶体脱稳，实现固液分离	(1)脱水效果较好，用量少，效果较为稳定； (2)容易堵塞滤布，代谢物有毒且难以生物降解，进入环境后可能产生二次污染	(1)PAM＋PAC＋生石灰； (2)PAM 单独使用； (3)PAM＋CaO	[127-131]

污泥厌氧消化过程中残余
絮凝剂影响及调控

絮凝剂名称	脱水加药浓度/(g/kg)	脱水机理	作用特点	脱水应用	参考文献
PFS	2.5～50	多核聚合物,具有较多的正电荷和较大的表面积,能吸附带负电荷的胶体及其他悬浮物。分子量大,能发挥优异的网捕卷扫性能	(1)成本低; (2)增加泥饼含铁量,造成低焚烧热值; (3)含铁氧化物容易导致灰渣结块,影响焚烧效率; (4)PFS压滤液中含有的硫酸盐对水处理生化过程产生抑制作用; (5)酸性条件下铁盐会对设备产生较大腐蚀	(1)PFS+壳聚糖; (2)PFS+生石灰; (3)PFS+PAM	[36,129,132]
$FeCl_3$	67～160	水合后形成正电荷,中和污泥颗粒的负电荷,与污泥中的二价碳酸盐形成氢氧化物,作为絮凝剂。Fe^{3+}能在污泥絮体的表面形成紧密外壳,降低污泥絮体的可压缩性,将外部作用力传递至污泥絮体,有助于脱水	(1)可充当骨架,防止絮体崩塌,增加污泥的可压缩性,改善泥饼孔径; (2)对设备腐蚀性大	(1)$FeCl_3$+CaOKMnO$_4$/$FeCl_3$/生物炭; (2)$FeCl_3$+CaO+表面活性剂; (3)$FeCl_3$+Na$_2$SiO$_3$; (4)$FeCl_3 \cdot 6H_2O$+Ca(OH)$_2$+PAM; (5)$FeCl_3$+PAC+PAM	[133-136]
PAC	12.5～140	可以中和污泥表面电荷,脱稳污泥颗粒使其相互碰撞形成更大絮体	(1)效果好、廉价易得; (2)受环境pH影响大、药剂用量大、污泥增量大	(1)PAC+石灰; (2)PAC+过氧化氢; (3)PAC+壳聚糖	[133,137,138]
CTS	5～100	壳聚糖分子链上的游离氨基可在酸性环境下质子化,对污泥颗粒有电中和作用压缩双电层,使污泥系统失稳吸附架桥,吸附不同颗粒物质,发生絮凝	(1)天然、无毒、易生物降解、能吸附重金属; (2)成本略高	(1)壳聚糖+硅藻土; (2)壳聚糖+蒙脱土; (3)壳聚糖+改性粉煤灰; (4)壳聚糖+cPAM; (5)壳聚糖+PAFC; (6)壳聚糖+PAC; (7)壳聚糖+溶菌酶	[139-142]

絮凝剂名称	脱水加药浓度/(g/kg)	脱水机理	作用特点	脱水应用	参考文献
酱油曲霉（*Aspergillus sojae*）产生的微生物絮凝剂（MBF）	6%~8%	较强的吸附架桥能力，使污泥颗粒快速沉降；活性位点多，官能团种类多样，可通过离子键、氢键等化学作用将絮凝物质集聚在一起	(1)絮凝作用强且作用广泛；(2)具有高效、无毒、可生物降解等特点，也存在絮凝活性低和絮凝剂用量大等缺点		[127,143]
复合絮凝剂 CAM-CPAM	1.11	(1)其长链结构可促进污泥絮体之间的吸附架桥功能；(2)正电荷可以中和污泥表面的负电荷，增强污泥的可压缩性，从而使污泥的沉降性能得到改善	(1)投加量少，滤液体积多，脱水率、滤液透光率高，沉降性能优异，污泥脱水性能好；(2)有很强的吸附架桥和电性中和作用，其适应范围广		[144]

　　污泥调理是污泥脱水前的预处理过程，通过添加化学药剂或采用物理法、生物法来改善污泥的沉降性能和脱水性能，从而有利于后续的机械脱水阶段。利用絮凝剂对脱水前污泥进行调理是常用手段。药剂调理是利用污泥的电负性和污泥颗粒表面的极性基团，添加带正电的化学药剂，通过压缩胶体双电层、吸附-电中和、吸附架桥和网捕卷扫等一系列作用机制，使胶体颗粒脱稳聚集形成体积较大的絮凝体，一方面污泥毛细结合水被挤出；另一方面表面结合水随污泥颗粒表面积减少而降低，从而改善污泥的脱水性能[145]。

　　以有机絮凝剂为例，PAM是较常用的污泥调理剂，其线性长链结构使其具有架桥作用，会产生"网捕"效应，形成强度较大、不易破碎的絮体，对污泥脱水效果较好。由于污水中的悬浮颗粒大多带负电荷，因此带正电荷的絮凝剂能更有效地与污水中的悬浮颗粒结合，cPAM通过静电效应使得污泥颗粒黏附于聚合物的长链之上，再利用电中和机制减小其表层的电荷量，进一步降低胶体粒子之间的排斥效应，使得絮凝体下沉的速度更快，脱水性能增强。同时，高分子絮凝剂通过吸附架桥作用，使得污泥的胶体粒子和小的絮状粒子黏附，产生紧密结合的更大的絮体，从而提升污泥的脱水性能。

除有机絮凝剂外，无机絮凝剂主要通过电中和作用促进污泥中颗粒聚集[146,147]。也有报道指出在脱水过程中，无机絮凝剂起到骨料的作用，可以改善泥饼的孔隙结构[148]。PAC 水解产生正电荷且具有长链架桥作用，能改变了污泥絮体结构，增强污泥的团聚能力，改善污泥的脱水性能和沉降性能。对于铁系絮凝剂，铁离子不仅能与蛋白质紧密结合，还能有效压缩双电层；此外，铁系絮凝剂水解产物还可充当骨料，从而提高污泥的脱水性能。较高含量的 Fe^{3+} 有助于形成富含大孔的泥饼，小孔容易吸附污泥中的水，而大孔可以形成密实、多孔的泥饼框架，因此有助于脱水。美国、日本等发达国家已将壳聚糖调理污泥进行了广泛的工业化应用。

1.3 絮凝剂在污泥中的残余现状

1.3.1 絮凝剂进入污泥的途径

由以上分析可知，絮凝剂在给水、工业废水以及城镇污水处理的各流程中均有广泛应用[149,150]。在工业废水中的应用主要有冶金、石化、印染、食品以及造纸等多种行业[82,106]，在污水处理厂则大量用于强化混凝用以去除微小颗粒、重金属、腐殖酸等，也用于磷酸盐沉淀、病毒灭活、固液分离以及污泥浓缩等各方面，在污水处理厂进水口、初沉池、生化池、二沉池以及污泥浓缩池等各环节均有添加（图 1-3）。一方面絮凝剂在各行各业中的广泛使用，必然导致其被大量释放于环境中，进入污水处理系统；另一方面污水/污泥处理过程中絮凝剂的大量添加，不可避免会使其富集在污泥之中，并参与到污泥厌氧消化过程，如图 1-3 所示。

1.3.2 絮凝剂在污泥中的残余

在污水处理的过程中，絮凝剂会不可避免地被污泥吸收和浓缩，从而导致其在污泥中大量积累（图 1-4）。污泥中絮凝剂的含量取决于水质来源和其他使用过的化学物质，在不同地区差异较大。絮凝剂在城镇污泥中的

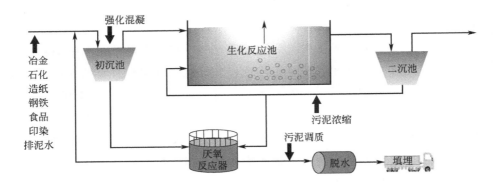

图 1-3 絮凝剂进入污泥厌氧消化池的主要途径

残余量如表 1-9 所列。对于无机絮凝剂而言，中国台湾地区的污泥中 Al 浓度为 2.6～17.4mg/g，中国香港特别行政区为 3～4mg/g[151-153]。在国外，西班牙 Seville 铝含量为 5.2～16.8mg/g，美国 Blacksburg 为 0.7～26.8mg/g[154-156]。同时，在初沉污泥中，铁含量处于 0～22 g/kg TSS 之间[157,158]；此外，有文献报道，当 PFS 用于污泥调理时 PFS 添加剂量在 10～44g/kg 之间，且高达 90% 的 PFS 在经过机械脱水后会留存于泥饼之中，PFS 在泥饼中的浓度处于 3.0～48.5g/kg TS 之间[159,160]。

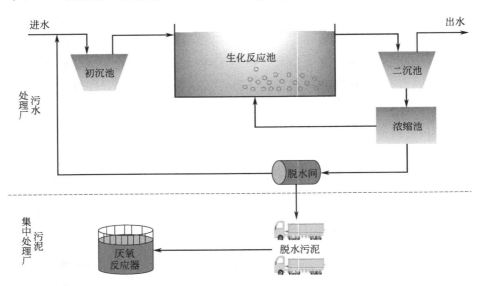

图 1-4 高含固厌氧消化技术

污泥厌氧消化过程中残余
絮凝剂影响及调控

表 1-9　絮凝剂在城镇污泥中的残余

类型	种类	残余量	参考文献
无机絮凝剂	铝系	2.6~26.0 g Al/kg TSS	[161]
	铁系	2.6~48.5g/kg TS	[162,163]
有机絮凝剂	聚丙烯酰胺	2.5~10g/kg TS	[40]
	壳聚糖	2~20g/kg	[164]
	二甲基二烯丙基氯化铵	38.1g/kg TS	[165]
	聚乙烯亚胺	24g/kg TSS	[166]

有机絮凝剂在污泥中同样广泛存在，市政污泥脱水调理过程投加的 cPAM 浓度一般为 2~10g/kg TS。污水处理过程对污水进中 PAM 以及污水处理过程中使用的 PAM 的"浓缩"，使得 PAM 不可避免地在污泥中积累而进入厌氧消化系统。随后浓缩污泥进入厌氧消化池进行稳定化、资源化处理。根据实际取样测定以及前期调研结果发现，进入厌氧消化池的浓缩污泥中 PAM 残留量可以达到 0.5~5g/kg TS。

目前，由于污泥厌氧消化效率低，导致低含固厌氧消化技术（见图 1-3，污泥含固率为 2%~5%）在污泥处理处置的应用具有一定的局限性，尤其是在小型的或者不太发达地区的污水处理厂。调研发现，在我国，配置有厌氧消化池的污水处理厂占比小于 5%，60% 以上的污水处理厂产生的污泥直接经过絮凝剂调理和强力机械脱水后转运至集中式污泥处理中心进行后续处理处置。因此，在集中转运后进行厌氧处理的高含固脱水污泥中，絮凝剂含量将比上述更高，且随着相关水处理和污泥处理处置标准的提升，污泥中絮凝剂含量将进一步提升。

1.4　城镇污泥厌氧消化处理现状

厌氧消化可以同时实现易腐有机物稳定、病原菌削减、污泥体积减量和生物质能源回收，是当前国内外污泥稳定化处理的主流技术。污泥富含有机质、氮、磷、钾等营养物质，污泥的土地利用可以改善土壤的性质，实现营养物质的循环利用。"厌氧消化—土地利用"技术路线也被我国《城镇污水处理厂污泥处置技术指南》推荐为污泥处理处置的优选技术[4]。

1.4.1 污泥来源、性质与组成

活性污泥法处理污水时，在曝气池内的好氧微生物有充足溶解氧的条件下，污水中有机物首先进入微生物细胞内，之后在不同胞内酶的作用下进行分解代谢和合成代谢[167]。分解代谢将污水中有机物以 CO_2 的形式排出系统，并为合成代谢提供能量。这一过程可用化学方程式（1-5）表示：

$$C_x H_y O_z + \left(x + \frac{y}{4} - \frac{z}{2}\right) O_2 \xrightarrow{\text{酶}} x CO_2 + \frac{y}{2} H_2 O \tag{1-5}$$

式中　$C_x H_y O_z$——有机污染物化学式。

在合成代谢中，微生物则利用分解代谢产生的能量将一部分有机污染物合成新的细胞。合成代谢一方面保证了活性污泥微生物的增殖、繁衍，另一方面将溶解性有机污染物转化为固相细胞物质从污水中分离出来。这一过程可用化学方程式（1-6）表示：

$$C_x H_y O_z + n NH_3 + n\left(x + \frac{y}{4} - z - 5\right) O_2 \xrightarrow{\text{酶}}$$

$$(C_5 H_7 NO_2)_n + n(x-5) CO_2 + \frac{n}{2}(y-4) H_2 O \tag{1-6}$$

式中　$C_5 H_7 NO_2$——活性污泥微生物常用化学式。

图 1-5 为曝气池内活性污泥所进行的分解代谢以及合成代谢反应的数量关系图。从图 1-5 中可看出，仅有 1/3 的有机污染物被用于分解代谢，而有 2/3 有机污染物被用于新细胞的合成，导致微生物的繁殖量远大于死亡量，在应用活性污泥法进行污水处理时产生大量富含微生物的污泥。

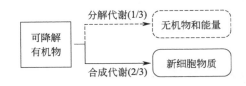

图 1-5　微生物分解代谢与合成代谢之间的数量关系[167]

表 1-10 所列为常见的几种污泥来源。因为污水中的有机物大部分被用于同化合成微生物细胞体，为了维持生物池中污泥浓度活性，常将二沉池底部或污泥浓缩池多余的污泥外排，排出来的污泥即为污泥[159]。

污泥厌氧消化过程中残余
絮凝剂影响及调控

表 1-10 传统市政污水处理厂污泥来源

来源	污泥类型	备注
格栅	栅渣	污水厂进水口分离的固体废弃物
沉砂池	固体颗粒	密度较大的固体颗粒
初沉池	初次沉淀污泥	污水中含有的可沉降物质,污泥处理主要对象
二沉池	剩余污泥和池体浮渣	生物池中出来的沉降产物,污泥处理主要对象
化学沉淀池	化学污泥	混凝沉降过程产生的污泥

污泥主要由微生物组成,夹杂有无机物质和非生命有机物。颜色通常为黄褐色,絮凝状态,相对密度略大于 1,pH 值范围在 6.5~7.5,含水率通常在 99.2%~99.5% 之间[168]。颗粒较细,成分复杂,属于非匀质体。污泥主要组分可以分为(表 1-11):

① 蛋白质、多糖以及脂质等可生物降解有机物;

② 氮、磷等营养物质;

③ 病原菌等;

④ 具有潜在毒性的有机或无机污染物(如各类絮凝药剂、消炎止痛药、抗生素、抑菌剂、重金属等);

⑤ 无机盐;

⑥ 水(含水率高,一般在 98% 以上)[169]。

表 1-11 污泥组成[171]

资源性物质	含量范围/(g/kg)	污染性物质	组成	含量范围/(mg/kg)
C	321.3~355.7	重金属污染物	Zn、Cu、Cr、Pb、Ni 等	0~27300
N	7.4~54.9	有机污染物	抗生素、多环芳烃、多氯联苯等	0~33810
P	2.2~48.3	微塑料	聚烯烃、聚丙烯酸、聚酰胺等	1.60~56.4 (10^3 个/kg 干重)
K	0.8~17.5	其他	致病菌、矿物油等	0.01~23

随着我国经济持续快速稳定发展,我国城镇污水处理规模日益提升,污泥产量也相应增加。据统计,2019 年我国污泥产量已超过 6000 万吨(以含水率 80% 计),预计 2025 年我国污泥年产量将突破 9000 万吨。但是,由于我国长期以来"重水轻泥",污泥处理处置没有与污水处理同步提升,污

泥处理处置问题未能得到有效解决，形势十分严峻[170]。

一方面，污泥中包含大量的氮、磷等营养物质和致病菌、重金属等有害污染物，如果没得到适当的处理将危害人类健康；且污泥不稳定、易腐败、容量大，在常规的填埋、土地利用等处置过程中极易引发严重的环境二次污染，是典型的污染物；另一方面，污泥中也含有大量有机物，使得利用污泥进行资源回收同时进行减量化处理成为可能[172]。传统的污泥处置方法，如填埋和焚烧等方法，只是简单地将污泥当作污染物处理，并没有重复利用其可以被利用的部分，这些方案不仅会浪费污泥中大量的资源而且会导致环境的二次污染。相对来说，污泥厌氧资源化是污泥资源回收以及减轻末端污染比较理想的方式。

1.4.2　污泥厌氧消化基本原理

污泥厌氧消化产生沼气的过程是在厌氧条件下，微生物分解有机质，将其中的一部分含碳有机质转化为 CH_4 和 CO_2 的过程。由于所涉及的微生物种类繁多，厌氧消化是一个复杂的过程。通过污泥厌氧消化，可使污泥稳定，不对环境造成二次污染，不对人体健康造成威胁。此外，污泥厌氧消化过程产生含有大量甲烷的沼气，可以为污水处理厂提供 $40\%\sim60\%$ 的电耗，能够大幅度降低污水处理厂的用电成本。因此，污泥厌氧技术被视为现代污水处理厂的重要组成部分。

污泥通常由非溶解性颗粒有机物、微生物与固体颗粒组成，在污泥厌氧之前其所含非溶解性颗粒有机物需要被转化为溶解性颗粒有机物如蛋白质和多糖。在厌氧过程中，有机物从污泥溶出后，微生物将大分子有机物转化为小分子物质，例如甲烷、短链脂肪酸（short chain fatty acids，SC-FAs）、氢气、二氧化碳、水和氨氮等。

污泥的厌氧过程主要包含有水解、酸化、产氢产乙酸和产甲烷四个阶段，如图 1-6 所示。

（1）水解阶段

污泥溶出过程所释放的颗粒性有机物多是大分子有机物，如碳水化合物、蛋白质及脂类等。这些大分子有机物不能直接透过细胞膜，需要在各类胞外水解酶的作用下转化为单糖、氨基酸及长链脂肪酸等小分子物质后被产酸微生物利用。参与水解过程的主要水解酶包括淀粉酶、蛋白酶和脂

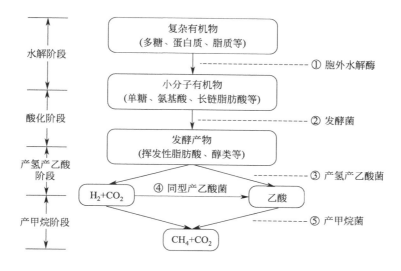

图 1-6　污泥厌氧消化的基本原理

肪酶三大类。由于生物水解过程缓慢，因此水解阶段通常是污泥厌氧过程的限速步骤。参与水解过程的关键微生物主要包括梭状芽孢杆菌属（*Clostridium*）、纤维菌属（*Cellulomonas*）、拟杆菌属（*Bacteroides*）、琥珀酸弧菌属（*Succinicibrio*）、普氏菌（*Prevotella*）、瘤胃球菌属（*Ruminococcus*）、醋弧菌属（*Acetovibrio*）、纤维杆菌属（*Fibrobacter*）、厚壁菌门（*Firmicutes*）、欧文氏菌（*Erwinia*）、小双孢菌属（*Microbispora*）等[77,99,100,173]。

（2）酸化阶段

产酸微生物将水解过程产物即小分子有机物（单糖、氨基酸和链式脂肪酸等）在胞内转化为更简单的有机物（如 SCFAs）、氢气和二氧化碳，并将上述物质分泌到胞外[174]。众多文献表明，在污泥的厌氧发酵过程，乙酸和丙酸通常在 SCFAs 中占比较大[131,175]。这一阶段 SCFAs 为主要产物。

（3）产氢产乙酸阶段

此阶段在产氢产乙酸微生物的作用下，上一阶段产生的小分子有机物（如 SCFAs）被转化成氢气、乙酸和二氧化碳。氢气和乙酸是这一阶段的主要产物[176]。

（4）产甲烷阶段

此阶段通过产甲烷菌的作用将第二阶段和第三阶段的产物转化为甲烷。根据产甲烷菌的生理特性，产甲烷途径有乙酸途径、甲基营养途径和还原二氧化碳途径。

　　具体来说，乙酸途径产甲烷通过裂解乙酸，将乙酸的羧基氧化为 CO_2，甲基被还原成甲烷，代表微生物有产甲烷菌（*Methanosaeta*）。甲基营养途径通过氢气还原甲基化合物中的甲基，代表微生物有甲烷球菌属（*Methanococcus*）。还原 CO_2 途径中利用氢气作为电子供体还原二氧化碳产生甲烷，代表微生物有甲烷短杆菌属（*Methanobrevibacter*）。微生物利用的基质通常有 H_2/CO_2、甲醇、甲酸、甲胺和乙酸等，该过程是典型的耗酸耗氢过程。在 SCFAs 中，乙酸是产甲烷的重要前驱体，65％～95％的甲烷都直接来源于乙酸[177,178]。相较于丁酸来说，丙酸在热力学上不利于降解成乙酸[178]。研究发现产甲烷菌分布十分广泛，按照系统发育的方法可以划分为甲烷微菌目（Methanomicrobiales）、甲烷火菌目（Methanopyrales）、甲烷八叠球菌目（Methanosarcinales）、甲烷球菌目（Methanococcales）和甲烷杆菌目（Methanobacteriales）5 大目。其中发现最多的产甲烷菌属主要包括甲烷螺菌属（*Methanospirillum*）、甲烷嗜热菌（*Methanothermus*）、专性乙酸营养型产甲烷古菌（*Metehanosaeta*）、甲烷球形菌（*Methanosphaera*）、甲烷微菌属（*Methanomicrobium*）、甲烷八叠球菌属（*Methanosarcina*）、甲烷杆菌属（*Methanobacterium*）和甲烷袋状菌（*Methanoculleus*）[179]。

　　在厌氧反应器中，水解酸化微生物和产甲烷菌之间相互依赖，构成互生关系同时又相互制约。污泥厌氧消化反应器运行时，各个微生物阶段都是在各类微生物的共同作用下进行的。例如，污泥中有机物如蛋白质需要在水解微生物的作用下从固相中溶解至液相，之后需要在由水解酸化菌分泌的胞外水解酶的作用下转化为小分子氨基酸；小分子氨基酸可以进入水解酸化菌的细胞内，在胞内酶的作用下转化为 SCFAs 和 CO_2 等；产生的SCFAs 在产氢产乙酸菌的作用下能够转化为乙酸和氢气；最后乙酸、氢气以及二氧化碳等为产甲烷菌提供基质[169]。产甲烷菌属于古细菌，是严格的专性厌氧菌，是一种高度专化型生理菌群，作为严格厌氧微生物，主要特征为在严格厌氧环境中，通过产能代谢降解有机质并产生甲烷。该代谢途径中各种微生物特点各不相同，无论哪一个节点的微生物功能受到影响都会对整条代谢途径造成动荡。需要注意的是，在这个代谢途径中产甲烷古菌世代时间长，且最易受环境影响，因此成长十分缓慢，从基质到 CH_4 和CO_2 的完整转化过程需要时间很长。

　　从以上可以看出，甲烷作为厌氧过程的末端产物，是污泥厌氧过程中的常见能源回收形式。污泥的厌氧过程是一个由微生物驱动的复杂的生物化学过程，特别是产甲烷菌的种类和功能极易受到环境的影响，如碳氮比、温度、pH 值、氧还原电位（ORP）、环境酸碱度、有毒物质与营养元素、固体停留时间和搅拌混合等。因此，污泥中大量絮凝剂的存在也可能影响污泥厌氧消化过程。

1.4.3 污泥厌氧消化主要影响因素

1.4.3.1 接种污泥

厌氧消化中微生物的数量和质量对沼气产生有直接的影响。若反应器中厌氧微生物的数量和种类不够时，需要从外界人为添加微生物，当消化池启动时把含有大量微生物的成熟污泥加入其中与生污泥充分混合，称为接种污泥，接种污泥应尽可能含有消化过程中所需的兼性厌氧菌和专性厌氧菌，以有害代谢物少的消化污泥为最好。活性低的、老的消化污泥比活性高的新污泥更能促进厌氧消化作用[171]。

因此在厌氧反应器启动初期，接种污泥的种类与投加量是一项极其重要的指标。在工程实践中通常将污水消化污泥、河道/鱼塘底泥以及其他厌氧反应器中的污泥等作为厌氧反应器启动的接种物，从而提高有机废弃物的处理效率以及生物气产量。有研究发现，当接种比例控制在 60％时甲烷的生产量最大，接种运行 20 d 的发酵沼液可使得反应器运行效率最佳[180]。张婷等使用厌氧法处理水稻秸秆时，以污泥与猪粪的混合物进行接种可以使微生物菌群产生互补作用，使得日均产气效率和沼气中甲烷含量达到最佳状态[181]。

1.4.3.2 基质浓度与类型

在厌氧消化反应器中，基质浓度和类型与厌氧消化系统是否顺利运行息息相关。基质的浓度一般用有机负荷来表示，每天添加入单位厌氧反应器中有机物的量被称为有机负荷（OLR），有机负荷用式(1-7) 表示：

$$OLR = \frac{C}{HRT} \tag{1-7}$$

式中　C——基质浓度，g VS/L；

　　HRT——水力停留时间，一般以 d 计；

OLR——厌氧反应器中的重要控制参数。

在厌氧反应器中，一般需要较高的有机负荷，此条件下能够富集微生物，降低反应器体积，降低反应过程中维持温度所需要的能量。

此外，基质中的碳氮比（C/N 值）是影响甲烷产量的重要因素，C/N 值一般以（10～20）∶1 为宜。如果 C/N 值过高，合成细胞的氮源不足，消化液缓冲能力低，使得体系 pH 值下降，铵盐容易积累，也会抑制产甲烷[182]。例如，餐厨垃圾的厌氧消化过程中，由于碳含量过高氮成分不足常常会发生酸化现象，影响厌氧消化过程中甲烷的产生。

1.4.3.3　温度

温度是影响微生物生存及生物化学反应最重要的因素之一，各类微生物适宜的温度范围是不同的。按照产甲烷菌对温度适应性的不同，可分为两大类，分别为中温产甲烷菌（适应温度区间为 35～37℃）和高温产甲烷菌（适应温度区间为 52～55℃），当温度在这两个区间之内时反应速率随温度的上升而下降[168]。

一般厌氧消化常把温度控制在这两个范围内，前者称为中温厌氧消化，后者称为高温厌氧消化。一般来说，中温消化的消化时间为 20～30d，高温消化时间为 10～15 d。需要注意的是，产甲烷菌对温度的快速变化十分敏感，温度上升过快或出现很大温差时会对厌氧消化过程产生抑制。因此，对厌氧消化反应器来说，温度要求相对稳定，温度变化保持在 2℃ 内为宜[171]。

1.4.3.4　pH 值与碱度

pH 值是厌氧微生物以及厌氧系统能否正常运转的重要指标，0.5 的 pH 值波动即可改变厌氧系统中的微生物代谢活动从而影响微生物反应动力学以及甲烷的产生[157]。在厌氧消化系统中，不同 pH 值环境中优势菌种也各不相同。产酸微生物对环境酸碱度没有产甲烷菌敏感，其适宜的 pH 值范围较广，在 4.5～8.0 之间。产甲烷菌对环境变化比较敏感，一般认为最适宜的环境 pH 值在 6.5～7.5 之间，也有研究者认为在 6.8～7.2 之间[183]。在厌氧反应过程中，生化反应中的多种中间产物如 NH_3、CO_3^{2-}、CH_3COO^- 等均可对系统 pH 值变化产生影响。例如，厌氧反应过程中碳酸铵 $[(NH_4)_2CO_3$

的形成或者二氧化碳（CO_2）的减少均可以导致系统 pH 值的增加；反之，由于高碳源负荷反应器中脂肪酸的生成会使得系统 pH 值降低[184,185]。图 1-7 为厌氧反应过程中各反应类型和反应产物对系统 pH 值的影响[186]。

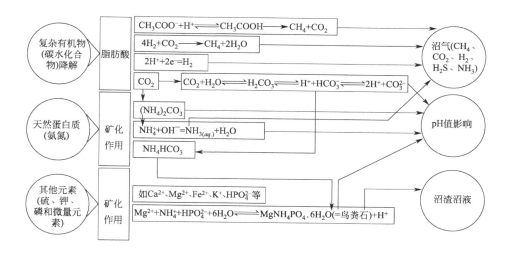

图 1-7　厌氧消化反应器中各反应及生成产物对 pH 值的影响[186]

　　一般来说，在正常的甲烷发酵过程中 pH 值有一个自行调节的过程。但是当有机物负荷过高或系统中存在某些抑制物质时，对环境要求苛刻的产甲烷菌会首先受到影响，从而造成系统中挥发性脂肪酸的积累，导致 pH 值下降，抑制产甲烷菌的生长，从而影响整个消化过程，降低甲烷产量，这也就是我们所说的酸化。为提高厌氧消化系统对 pH 值的缓冲能力，需要维持一定的碱度，可通过投加石灰或含氮物料进行调节[171]。

1.4.3.5　停留时间

　　停留时间包括水力停留时间（hydraulic retention time，HRT）以及固体停留时间（solid retention time，SRT）。其中 HRT 是液相停留时间，SRT 为固相即污泥停留时间，如果液相与固相是混合状态的话，HRT 和SRT 呈相等的状态。通常来说，停留时间的长短根据消化基质的不同而不同，温度也会影响停留时间的长短。HRT 过短时，有利于产酸菌的生存，降低环境 pH 值，从而对产甲烷菌的生存有一定的抑制作用[187]。然而，停留时间的增长，反应器尺寸和成本会相应增加。因此，厌氧消化反应器中合适 HRT 的选取十分重要，一般来说，HRT 分布范围在 $10 \sim 25d$ 之间[188]。由于产酸菌和产甲烷微生物对水力停留时间需求的不一致，许多厌氧消化工艺设计成两步反应，用以适应不同微生物对不同停留时间的需求[50,189]。

1.4.3.6 氧化还原电位（ORP）

一般用氧化还原电位（ORP）的高低表征厌氧消化体系中得到或失去自由电子的能力，单位用毫伏（mV）表示。产甲烷细菌中存在很多低氧化还原电位的酶系，对于产甲烷微生物来说，较适宜的 ORP 为 $-400 \sim -150mV$，当反应体系中的氧气、氧化剂或氧化态物质浓度超过一定范围时，高 ORP 将破坏产甲烷相关酶，使产甲烷过程受到抑制，影响整个厌氧系统的稳定运行，在厌氧消化反应过程中氧气的溶解也可以使得系统 ORP 升高。且在反应初期，产甲烷菌的氧化还原电位不能高于 $-330mV$[168,190]。发酵产酸阶段作为厌氧消化产甲烷的中间过程，对 ORP 也有相应需求，产酸微生物正常生长所要求的氧化还原电位范围为 $-100 \sim +100mV$[191]。

1.4.3.7 其他物质

污泥中一些常见的有毒物质会影响厌氧消化过程中微生物如产甲烷菌的活性。据报道，能够对厌氧消化产生抑制的有毒物质有三氯甲烷、高浓度氨氮、硫化物、抗菌剂、抗生素、重金属等。例如，氨一般由基质中的含氮有机物产生，在消化液中氨通常以两种形式存在：一种是铵根离子（NH_4^+）；另一种是游离氨（NH_3）。在厌氧消化反应器中，$34\% \sim 80\%$ 的凯氏氮会被降解成无机氨氮[192-194]，大量氨氮在水解阶段产生[195]。游离氨容易穿过细胞膜，引起细胞内质子失衡以及环境 pH 值的改变，从而影响细胞酶的活性[196,197]。游离氨对产甲烷菌活性有严重的抑制作用。有研究表明，反应器中游离氨浓度达到 $150mg/L$ 后便会对消化过程产生抑制。此外，硫化物的存在不仅会对产甲烷微生物都有毒害作用，更会对金属设备如管道产生腐蚀；厌氧消化过程中微量元素的浓度对甲烷产量也起着至关重要的作用，微量元素的缺失会对产甲烷速率产生显著影响。同时，由于污水处理过程中絮凝剂的应用，污泥吸附的絮凝剂也会对厌氧过程造成一定的影响[71,198]。

1.4.4　污泥厌氧消化工程案例分析

相较于欧美污泥处理处置有百年的历史，我国污泥处理处置起步较晚，基础设施较为薄弱，很多二三线城市并未将污泥处置设施的建设纳入城市总体规划，而早期建设的污水处理设施污泥产量低而且成分比较简单，经过简单的处理后就直接堆放消纳或土地利用，有毒有害物质直接留在了环境当中造成了生态隐患。随着经济社会的发展，作为污水处理厂重要副产物，污泥的处理处置逐渐引起重视。例如，1984 年农业部首次出台了污泥农用相关标准《农用污泥污染物控制标准》（GB 4284—1984），2002 年国家环保总局制定了《城镇污水厂污染物排放标准》（GB 18918—2002），2009 年住建部分别对污泥农用、园林绿化、土地改良制定了相关行业标准，直至 2018 年对农用地土壤污染风险制定管控标准，污泥在污染物控制和资源化利用方面的管理制度才逐渐完善[199]。

除此之外，对于污泥处理处置，国家持续发力。《"十四五"城镇污水处理及资源化利用发展规划》中明确指出，到 2025 年城市污泥无害化处置率应达到 90％以上，到 2035 年全面实现污泥无害化处置，污水污泥资源化利用水平显著提升。2021 年《中共中央国务院关于深入打好污染防治攻坚战的意见》发布，其中明确，到 2025 年我国固体废物和新污染物治理能力明显增强。同年国家发改委印发《关于开展大宗固体废弃物综合利用示范的通知》，提出到 2025 年，建设 50 个大宗固废综合利用示范基地，示范基地大宗固废综合利用率达到 75％以上，对区域降碳支撑能力显著增强。

从未来的发展来看，厌氧消化—干化焚烧工艺有望成为污泥处理处置的重要发展方向。2020 年住建部和发改委联合发布的《城镇生活污水处理设施补短板强弱项实施方案》提出："鼓励采用生物质利用＋末端焚烧的处置模式"，其中"生物质利用"主要包含污泥厌氧消化技术[4]。《关于推进污水资源化利用指导意见》国家发展改革委、住房城乡建设部、生态环境部联合印发《污泥无害化处理和资源化利用实施方案》（发改环资〔2022〕1453 号），对于加快补齐污泥处理短板、提高污泥无害化处理和资源化利用水平具有重要指导作用。

北京高碑店污水处理厂污泥高级消化工程、长沙黑麋峰污泥高级厌氧消化示范工程等均采用"污泥热水解—厌氧消化"技术，提高了污泥厌氧消化性能，降低了沼气中硫化氢（H_2S）浓度，提升了沼气品质；"十二五"期间在污泥与餐厨等有机质协同方面也开展了探索，建成了镇江污泥与餐厨协同高级厌氧消化等示范工程。北京排水集团在"高碑店""小红门""槐房""高安屯"和"清河二"五个污泥处理处置中心推行"高温预处理＋厌氧消化"技术，实现污泥的稳定化和无害化，产品用于土壤改良、苗圃种植和制肥，为全国提供了可借鉴的污泥资源化土地利用模式。

以下是几个典型污水处理厂污泥处理工程实例。

1.4.4.1　北京高碑店污水处理厂污泥处理工程

北京高碑店污水处理厂位于北京东郊，是国内最大的二级污水处理厂，承担着北京市中心区及东部工业区总计 96.6km² 范围内的污水收集与处理任务，服务人口 240 万，每日总处理规模为 100 万立方米。厂内有 10000m³/d 的中水处理设施，处理后的水用于厂内生产及绿化浇灌。此外，还有日规模 47 万立方米的二沉出水作为北京市工业冷却用水和旅游景观用水及城区绿地浇灌用水。经处理后的水排至通惠河。

高碑店污水处理厂污泥处理系统工艺流程如图 1-8 所示。

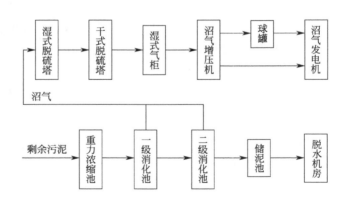

图 1-8　高碑店污水处理厂污泥处理系统工艺流程[200]

高碑店污水处理厂的污泥产量为 3200m³/d（含水率为 97％），浓缩池排泥含水率为 96％，脱水泥饼产量约为 2500m³/d（泥饼含水率按平均值 76.6％计）。污泥处理采用中温两级消化工艺，消化过程中产生的沼气，按沼气发电 1.7 kW·h/m³ 计算，每天发电量提高到 30000kW·h，一年节约电费 500 万元[201]。用于发电可解决厂内 20% 用电量，消化后经脱水的泥饼外运作为农业和绿化的肥源。污泥处理工艺构筑物技术参数见表 1-12。

表 1-12 高碑店污水处理厂污泥处理工艺构筑物的技术参数

项目名称	技术参数	数量
污泥浓缩池	直径 23.5 m，有效深度 5.5 m	6
污泥消化池	直径 20 m，有效深度 25 m	8
污泥脱水机房	5 台带式压滤机：2175m³/d	1
沼气发电机房	500 kW(4 台)日发电量 30000kW·h	1
沼气柜	2000m³、3000m³	2
堆泥场	8000m²	1

1.4.4.2 长沙市市政污泥集中处理处置项目

长沙市污水处理厂污泥集中处置工程位于望城区黑麋峰长沙市城市固体废物处理厂，项目占地约 37 亩（1 亩＝666.67m²，下同），于 2016 年 6 月通过环保验收。设计污泥处理量为 500t/d，采用"污泥热水解预处理＋高含固厌氧消化＋污泥脱水＋干化"高级厌氧消化处理工艺，是国内首个具有自主知识产权的污泥热水解耦合高含固厌氧消化的示范工程（图 1-9），处理后的污泥满足《城镇污水处理厂污泥处置混合填埋用泥质》（GB/T 23485—2009）标准；污泥压滤液采用生化处理与膜系统相结合，出水分级回用；消化产生的沼气用于发电和锅炉燃烧，其他废气经收集处理后达标排放，工程总投资近 4 亿元。

1.4.4.3 西安市污水处理厂污泥集中处置项目

西安市第一、第四、第五污水处理厂的污泥处理系统均设计有厌氧消化工艺[202]。以第五污水处理厂为例，第五污水处理厂总规模为 40000t/d，采用 A²/O 生化处理工艺，出水经紫外线消毒后排入灞河，污泥经重力浓缩后进入中温厌氧消化池，消化污泥经机械脱水后外运填埋。

整个工艺流程如图 1-10 所示。

污泥处理采用中温厌氧消化＋机械脱水＋卫生填埋，流程如图 1-10 所示。在污水处理过程中，浓缩后的污泥和初沉污泥混合后被投加到 3 座并联的卵形消化池中，设计进泥量为 1943.5m³/d、含水率为 96.61%，单座消

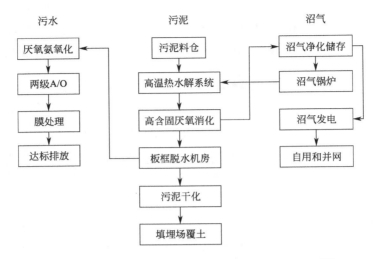

图 1-9 黑麋峰热水解预处理-高含固厌氧消化工艺流程[170]

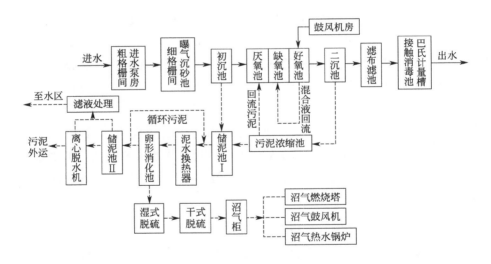

图 1-10 西安市第五污水处理厂污水-污泥处理工艺流程

化池容积为 12254m³，停留时间 20 d，温度 35℃，沼气产量 17800m³/d。产生的沼气经湿式和干式脱硫系统处理后，用于沼气热水锅炉和驱动鼓风机的运行。产生沼气用于拖动鼓风机减少污水处理过程中鼓风机电耗，有效降低污水处理系统的能耗。在沼气产量正常的情况下，能带动使鼓风机电耗降低约 30%[203]。

参考文献

［1］ 宁寻安，李凯，李润生．《水处理剂聚氯化铝》国家标准的修订［J］．给水排水，2005，（03）：104‐108.

［2］ 高丹，贾启华，时雅滨．絮凝剂在水处理中的应用研究进展［J］．造纸装备及材料，2022，51（01）：88‐90.

［3］ Chen Y G, Wang D B, Zhu X Y, et al. Long-term effects of copper nanoparticles on wastewater biological nutrient removal and N_2O generation in the activated sludge process［J］. Environmental Science & Technology, 2012, 46（22）：12452-12458.

［4］ 戴晓虎，张辰，章林伟，等．碳中和背景下污泥处理处置与资源化发展方向思考［J］．给水排水，2021，57（03）：1-5.

［5］ 周政，李怀波，王燕，等．低碳氮比进水 AAO 污水处理厂碳排放特征及低碳运行研究［J］．中国环境科学，2022（12）：1-14.

［6］ 周曼．某污水处理厂碳排放核算研究［J］．广东化工，2022，49（05）：132-134.

［7］ 沈耀良．城市污水处理技术：走向低碳绿色［J］．苏州科技大学学报（工程技术版），2021，34（03）：1-16.

［8］ 邓博文，海文杰，王梓浩，等．絮凝剂在水处理中的应用与研究进展［J］．当代化工研究，2020，（15）：105-106.

［9］ Wen Q X, Chen Z Q, Zhao Y, et al. Biodegradation of polyacrylamide by bacteria isolated from activated sludge and oil-contaminated soil［J］. J Hazard Mater, 2010, 175（1-3）：955-959.

［10］ Dai X H, Luo F, Zhang D, et al. Waste-Activated Sludge Fermentation for Polyacrylamide Biodegradation Improved by Anaerobic Hydrolysis and Key Microorganisms Involved in Biological Polyacrylamide Removal［J］. Scientific Reports, 2015, 5（11675）.

［11］ 熊鹰．水处理药剂的发展现状及进展；决策论坛——企业管理模式创新学术研讨会，中国北京，F，2017［C］.

［12］ 李德志，肖忠良，陆海伟．水处理混凝剂的发展及应用［J］．广东化工，2018，45（21）：67-68，59.

［13］ 樊国年．大型火电机组化学运行技术问答［M］．北京：中国电力出版社，2008.

［14］ MATTSON S. Cataphoresis and the Electrical Neutralization of Colloidal Material［J］. 1928.

［15］ NONE. Book Reviews：Manual of British Water Engineering Practice. Third Edition（revised and enlarged）. Edited by William Oswald Skeat, B. SC., A. M. I. C. E., M. I. MECH. E. 1, 152 pp. Published for the Institution of Water Engineers by w. HEFFER & SONS LTD. Cambridge［J］. Journal of the Royal Society for the Promotion of Health, 1962, 82（2）：95-95.

[16]　Matilainen A，Vepsalainen M，Sillanpaa M. Natural organic matter removal by coagulation during drinking water treatment：A review ［J］. Advances in Colloid and Interface Science，2010.

[17]　徐晓军. 化学絮凝剂作用原理 ［M］. 北京：科学出版社，2005.

[18]　张新荣. 聚合硫酸铁及其应用 ［J］. 杭州化工，1989，(02)：8-14.

[19]　马德强. 无机絮凝剂的工业应用 ［J］. 炼油与化工，2011，22 (01)：53-55.

[20]　隋永强，梁成浩，姜毅. 絮凝剂的应用现状及发展趋势 ［J］. 石油化工腐蚀与防护，2003，(06)：14-17.

[21]　池野亮当，森本达雄. 铝或铁的碱式氯化物的制造方法 ［J］. 特许公报，1961.

[22]　森本达雄. 碱式铝盐的制造方法 ［J］. 特许公报，1965.

[23]　哈尔滨自来水公司，等. 碱式络合铝盐凝聚剂的初步试验研究 ［J］. 1964，5.

[24]　沈阳市饮水洁治研究小组. 羟基氯化铝混凝剂试剂和研究总结 ［J］. 1969.

[25]　汤鸿霄. 无机高分子絮凝剂的研究，生产和应用 ［J］. 资源、发展与环境保护，1995：27-33.

[26]　JANDER G. Diffusion coefficients of basic aluminum solutions ［J］. Z，Anorg Cherm，1931，200.

[27]　冯欣蕊. PAC-PDMDAAC 杂化絮凝剂的制备、表征及絮凝性能研究 ［D］. 重庆：重庆大学，2014.

[28]　高宝玉. 纳米聚合氯化铝絮凝剂制备及应用 ［M］. 北京：化学工业出版社，2016.

[29]　汤鸿霄. 无机高分子絮凝剂的基础研究 ［J］. 环境化学，1990，9 (3)：12.

[30]　吴珍. 高分子铝盐优化混凝控制水中腐殖酸特性研究 ［D］. 长沙：湖南大学，2011.

[31]　张卫飞. 聚合氯化铝中 Al (Ⅲ) 的形态分布影响因素及混凝性能研究 ［D］. 杭州：浙江大学，2003.

[32]　张子健. 高 Alb 含量的聚合氯化铝和聚合硅铝混凝剂的研究 ［D］. 济南：山东大学，2005.

[33]　Feng C，Shi B，Wang D，et al. Characteristics of simplified ferron colorimetric solution and its application in hydroxy-aluminum speciation ［J］. Colloids & Surfaces A Physicochemical & Engineering Aspects，2006，287 (1-3)：203-211.

[34]　Wang D，Sun W，Xu Y，et al. Speciation stability of inorganic polymer flocculant-PACl ［J］. Colloids and Surfaces A：Physicochemical and Engineering aspects，2004，243 (1-3)：1-10.

[35]　王趁义. 环境中可溶态铝对植物毒害作用的研究评述 ［J］. 湖州师范学院学报，2006，(02)：38-42.

[36]　张瑛洁，杨榕，曹天静，等. 聚合硫酸铁的制备及改性研究进展 ［J］. 工业水处理，2011，31 (09)：11-14.

[37]　解立平，徐向荣，曾凡. 聚合硫酸铁盐基度与絮凝性能关系的研究 ［J］. 工业水处理，2001，(01)：26-28.

[38]　李瑞华. 造纸污泥基阳离子型絮凝剂的研究 ［D］. 济南：山东大学，2018.

[39]　Bratby J. Coagulation and flocculation in water and wastewater treatment-third edition ［J］.

污泥厌氧消化过程中残余
絮凝剂影响及调控

Water Intelligence Online, 2016, 15: 1-538.

[40] 刘旭冉. 聚丙烯酰胺对剩余污泥厌氧消化过程影响行为的解析与调控 [D]. 长沙：湖南大学, 2019.

[41] Wong S S, Teng T T, Ahmad A L, et al. Treatment of pulp and paper mill wastewater by polyacrylamide (PAM) in polymer induced flocculation [J]. Journal of Hazardous Materials, 2006, 135 (1-3): 378-388.

[42] 包木太, 周营营, 陆金仁, 等. Fenton 试剂氧化处理模拟含聚丙烯酰胺污水的研究 [J]. 高分子通报, 2013, (11): 88-93.

[43] 郑忠环, 包木太, 陆金仁, 等. 厌氧水解酸化处理含高浓度聚丙烯酰胺污水 [J]. 环境科学学报, 2014, 34 (06): 1389-1395.

[44] Dai X, Luo F, Yi J, et al. Biodegradation of polyacrylamide by anaerobic digestion under mesophilic condition and its performance in actual dewatered sludge system [J]. Bioresource Technology, 2014, 153: 55-61.

[45] Chen H, Chen Z, Nasikai M, et al. Hydrothermal pretreatment of sewage sludge enhanced the anaerobic degradation of cationic polyacrylamide (cPAM) [J]. Water Research, 2021, 190 (8): 116704.

[46] Sancey B, Badot P M, Crini G. Chitosan for coagulation/flocculation processes—An ecofriendly approach [J]. European Polymer Journal, 2009, 45 (5): 1337-1348.

[47] Roberts G. Chitin chemistry [M]. London: The Macmillan Press, 1992.

[48] Kurita K. Controlled functionalization of the polysaccharide chitin [J]. 2001, 26 (9): 1921-1971.

[49] Huang Y X, Guo J, Zhang C, et al. Hydrogen production from the dissolution of nano zero valent iron and its effect on anaerobic digestion [J]. Water Research, 2016, 88: 475-480.

[50] Yang F, Chen R, Yue Z, et al. Phylogenetic analysis of Anaerobic co-digestion of animal manure and corn stover reveals linkages between bacterial communities and digestion performance [J]. Advances in Microbiology, 2016, 6 (12): 879-897.

[51] Yang R, Li H J, Huang M, et al. A review on chitosan-based flocculants and their applications in water treatment [J]. Water Research, 2016, 95: 59-89.

[52] Prashanth K, Tharanathan R N. Chitin/chitosan: Modifications and their unlimited application potential—An overview [J]. Trends in Food Science & Technology, 2007, 18 (3): 117-131.

[53] Prabaharan M. Chitosan-based nanoparticles for tumor-targeted drug delivery [J]. International Journal of Biological Macromolecules, 2015, 72: 1313-1322.

[54] Kumar M N V R, Muzzarelli R A A, Muzzarelli C, et al. Chitosan chemistry and pharmaceutical perspectives [J]. Chemical reviews, 2004, 104 (12): 6017-6084.

[55] Dev V, Neelakandan R, Sudha S, et al. Chitosan - A polymer with wider applications [J]. Textile Magazine, 2005, 46 (9): 83-86.

[56] Struszczyk M H. Chitin and chitosan. part II. applications of chitosan [J]. Polimery Warsaw, 2002, 47 (6): 396-403.

[57] Chi F H, Cheng W P. Use of chitosan as coagulant to treat wastewater from milk processing plant [J]. Journal of Polymers & the Environment, 2006, 14 (4): 411-417.

[58] Guibal E, Vooren M V, Dempsey B A, et al. A review of the use of chitosan for the removal of particulate and dissolved contaminants [J]. Separation Science and Technology, 2006, (41): 2487-2514.

[59] Gamage A S F. Use of chitosan for the removal of metal ion contaminants and proteins from water [J]. Food Chem, 2007, 104 (9): 89-96.

[60] Gerente C, Lee V K C, Cloirec P L, et al. Application of chitosan for the removal of metals from wastewaters by adsorption—Mechanisms and models review [J]. Critical Reviews in Environmental Science & Technology, 2007, 37 (1): 41-127.

[61] Syeda H I, Yap P S. A review on three-dimensional cellulose-based aerogels for the removal of heavy metals from water [J]. Sci Total Environ, 2022, 807 (Pt 1): 150606.

[62] Kumar M. A review of chitin and chitosan applications [J]. Reactive and Functional Polymers, 2000, 46 (1): 1-27.

[63] 韩宇轩. 微生物絮凝剂的研究现状及发展趋势 [J]. 海峡科技与产业, 2021, 34 (02): 44-46.

[64] 吴健, 戴桂馥. 微生物细胞的絮凝与微生物絮凝剂 [J]. 环境污染与防治, 1994, (06): 27-29, 32.

[65] Wang Z, Wang K. Screening of flocculant-producing microorganisms and some characteristics of flocculants [J]. Biotechnology Techniques, 1994.

[66] 杨开吉, 姚春丽. 高分子复合絮凝剂作用机理及在废水处理中应用的研究进展 [J]. 中国造纸, 2019, 38 (12): 65-71.

[67] Tang X, Deng J, LI J, et al. Progress in the preparation and research of composite polymer flocculants [J]. Industrial Water Treatment, 2015.

[68] 唐晓东, 邓杰义, 李晶晶, 等. 复合高分子絮凝剂的制备及研究进展 [J]. 工业水处理, 2015, 35 (02): 1-5.

[69] By. G, Qy. Y, Bj. W, et al. Poly-aluminum-silicate-chloride (PASiC) —A new type of composite inorganic polymer coagulant [J]. Colloids and Surfaces, A Physicochemical and Engineering Aspects, 2003, 229 (1/3): 121-127.

[70] P. A Moussas, A. I Zou boulis. A new inorganic-organic composite coagulant, consisting of Polyferric Sulphate (PFS) and Polyacrylamide (PAA) [J]. Water research: A journal of the international water association, 2009, 43 (14): 3511-3524.

[71] Chen Y, Wu Y, Wang D, et al. Understanding the mechanisms of how poly aluminium chloride inhibits short-chain fatty acids production from anaerobic fermentation of waste activated sludge [J]. Chemical Engineering Journal, 2017, 334: 1351-1360.

[72] Zou J, Zhu H, Wang F H, et al. Preparation of a new inorganic-organic composite flocculant used in solid-liquid separation for waste drilling fluid [J]. Chemical Engineering Journal, 2011, 171 (1): 350-356.

[73] 吕文彬, 朱小林, 李继庚, 等. 废纸造纸废水处理污泥的有机-有机复合调质研究 [J]. 中国给水排水, 2013, 29 (01): 64-67.

[74] Razali M A A, Ahmad Z, Ahmad M S B, et al. Treatment of pulp and paper mill wastewater with various molecular weight of polyDADMAC induced flocculation [J]. Chemical Engineering Journal, 2011, 166 (2): 529-535.

[75] Huang J, Yang Z H, Zeng G M, et al. Influence of composite flocculant of PAC and MBFGA1 on residual aluminum species distribution [J]. Chemical Engineering Journal, 2012, 191: 269-277.

[76] Kurade M B, Murugesan K, Selvam A, et al. Sludge conditioning using biogenic flocculant produced by Acidithiobacillus ferrooxidans for enhancement in dewaterability [J]. Bioresource Technology, 2016, 217: 179-185.

[77] Guo J, Peng Y, Ni B J, et al. Dissecting microbial community structure and methane-producing pathways of a full-scale anaerobic reactor digesting activated sludge from wastewater treatment by metagenomic sequencing [J]. Microbial Cell Factories, 2015, 14 (1): 33.

[78] 高杰. 聚合氯化铝铁在矿井水处理中的应用前景展望 [J]. 能源环境保护, 2014, 28 (05): 1-4.

[79] 赵爽, 徐梦辰, 汪艳. 聚合氯化铝铁的制备、使用及混凝机制研究 [J]. 无机盐工业, 2020, 52 (07): 36-41.

[80] 熊汝琴, 吉春林, 余平莲, 等. 聚铁类高分子絮凝剂在生活污水处理中的应用研究 [J]. 广东化工, 2021, 48 (22): 174-175, 163.

[81] 邓进军, 杨怀宇, 武玲敏, 等. 有机-无机复合絮凝剂研究进展 [J]. 油气田地面工程, 2022, 41 (08): 1-6+13.

[82] 武林香. 聚合氯化铝的絮凝作用在污水处理中的应用 [J]. 山西化工, 2019, 39 (03): 218-219+222.

[83] 侯玉琳. 微生物絮凝剂与 PAC 复配用于印染废水的研究 [J]. 天津化工, 2018, 32 (05): 15-17.

[84] 张乐乐, 闫红民, 王坤, 等. PAC 和 PAM 絮凝剂处理 PTA 工业废水的应用研究 [J]. 云南化工, 2018, 45 (08): 54-55.

[85] 刘军. 聚丙烯酰胺在工业废水处理中的应用 [J]. 广西轻工业, 2009, 25 (007): 98-99.

[86] 郭亚丹, 倪悦然, 郑梦琴, 等. 铁基生物絮凝剂对石英纯化工业废水脱色研究 [J]. 工业水处理, 2016, 36 (05): 28-31.

[87] 谢嘉忆, 令狐文生. 壳聚糖絮凝剂的特性及其应用研究进展 [J]. 广州化工, 2013, 41 (15): 45-46+89.

[88] 兰海宽, 毛艳妮, 刘旻, 等. 驱油剂聚丙烯酰胺在油田生产中的应用研究 [J]. 化工管理,

2019, (23): 210-211.

[89] 张建晔, 金龙渊, 张跃虎. 聚丙烯酰胺在油田三次采油的应用 [J]. 化工管理, 2018, (18): 36.

[90] 李景云. 造纸工业中聚丙烯酰胺的应用 [J]. 科学与财富, 2017, (27): 179-179.

[91] 惠磊, 张安龙, 罗清. 阳离子聚丙烯酰胺作为助留助滤剂在造纸中的应用 [J]. 黑龙江造纸, 2010, 38 (02): 30-31, 34.

[92] 王允雨, 聂容春, 申秀梅, 等. 两性离子型聚丙烯酰胺的研究进展 [J]. 安徽化工, 2010, 36 (06): 12-15.

[93] 艾红英, 隋艳霞. 聚丙烯酰胺在造纸工业中的应用 [J]. 湖北造纸, 2011, (04): 33-34.

[94] 陶宇, 吕挺, 傅可晶, 等. 絮凝剂在乳化油污水处理中的研究进展 [J]. 山东化工, 2016, 45 (03): 130-131, 133.

[95] 梁倩. 聚铁的在线制备及其在油田废水处理中的应用 [D]. 大连: 大连海事大学, 2016.

[96] 胡巧开. 改性壳聚糖的制备及其对印染废水的脱色处理研究 [J]. 印染助剂, 2008, (03): 17-19.

[97] 程建华. 壳聚糖接枝高分子絮凝剂制备及处理造纸废水研究 [J]. 广东化工, 2009, 36 (08): 146-147, 181-182.

[98] 孟繁健, 朱宇恩, 孟凡旭, 等. PAM 在土壤重金属污染植物修复中的作用及机理研究进展 [J]. 中国农学通报, 2018, 34 (16): 92-99.

[99] 宋文哲, 张昱, 杨敏. 聚丙烯酰胺作为唯一碳源的好氧和厌氧生物降解 [J]. 环境工程学报, 2019, 13 (07): 1513-1519.

[100] 徐艳, 吴万富, 史德强, 等. 含铁吸附、絮凝剂在水资源砷污染治理中的应用进展 [J]. 云南民族大学学报 (自然科学版), 2015, 24 (06): 453-459.

[101] 李立欣, 郑越, 马放, 等. 水处理絮凝剂处理煤泥水研究进展 [J]. 现代化工, 2016, 36 (10): 42-45.

[102] 王琴, 杨劲峰, 赵继红. 微生物絮凝剂在废水处理中的应用研究 [J]. 广州化工, 2013, 41 (12): 46-48.

[103] 杨文友, 张玉萍, 王汝毅, 等. 铝害与动植物源性食品安全 [J]. 中国国境卫生检疫杂志, 2007, (05): 319-327.

[104] 许建华. 自来水厂排泥水处理技术的若干问题 [J]. 中国给水排水, 2001, (12): 25-27.

[105] 龚竹青, 刘立华, 郑雅杰, 等. 固体聚合硫酸铁的制备及对生活污水的处理 [J]. 工业水处理, 2003, (09): 31-34.

[106] 高桂梅. 聚合氯化铝 (PAC) 的絮凝作用在污水处理中的应用研究 [J]. 广州化工, 2016, 44 (05): 129-130, 151.

[107] 陈联群, 蒋波, 彭斌, 等. 聚合氯化铝用于生活污水处理的探讨 [J]. 内江师范学院学报, 2004, (06): 58-61.

[108] 张政. 城市污水处理厂化学强化生物除磷研究 [J]. 化工设计通讯, 2018, 44 (04): 140-141.

[109] Kang M, Kamei T, Magara Y. Comparing polyaluminum chloride and ferric chloride for anti-mony removal [J]. Water Research, 2003, 37 (17): 4171-4179.

[110] Mertens J, Casentini B, Masion A, et al. Polyaluminum chloride with high Al30 content as removal agent for arsenic-contaminated well water [J]. Water Res, 2012, 46 (1): 53-62.

[111] Matsui Y, Matsushita T, Sakuma S, et al. Virus inactivation in aluminum and polyaluminum coagulation [J]. Environ Sci Technol, 2003, 37 (22): 5175-5180.

[112] D. Mamais, E. Kalaitzi, A. Andreadakis. Foaming control in activated sludge treatment plants by coagulants addition [J]. Global Nest Journal, 2011, 13 (3): 237-245.

[113] Teh C Y, Budiman P M, Shak K P Y, et al. Recent Advancement of Coagulation-Floccula-tion and Its Application in Wastewater Treatment [J]. Industrial & Engineering Chemistry Research, 2016, 55 (16): 4363-4389.

[114] Xu C. Application of microbial flocculants in sewage treatment [M]. E3S Web of Conferences 165, 02031 (2020) 2020: 02031.

[115] 伏培仟, 孙力平, 王少坡, 等. PAC与PAM复合絮凝剂在回用水处理中的应用 [J]. 水处理技术, 2008, (09): 58-60, 84.

[116] 魏劲英, 由庆华. 聚丙烯酰胺在强化混凝中的应用 [J]. 科技资讯, 2010, (23): 221-222.

[117] 杨璐璐, 邢德隆. 聚丙烯酰胺在废水、污水处理中的作用 [J]. 交通环保, 1991, (06): 7-9.

[118] 鲁秀国, 黄林长, 张耀, 等. 絮凝剂壳聚糖-聚合氯化铁处理城市污水的研究 [J]. 工业水处理, 2017, 37 (09): 53-55.

[119] 宋力. 絮凝剂在水处理中的应用与展望 [J]. 工业水处理, 2010, 30 (06): 4-7.

[120] 翟晓亮. 污水处理厂三氯化铁自动加药系统改造 [D]. 青岛: 青岛大学, 2017.

[121] 付东. 几种絮凝剂对化工废水深度处理效果的研究 [D]. 兰州: 兰州理工大学, 2009.

[122] 孙红杰, 张万忠, 谷晓昱. 几种絮凝剂的絮凝效果研究 [J]. 沈阳化工学院学报, 2005, (04): 314-317.

[123] 徐锡梅, 马凯迪, 应琦琰, 等. 城市污水处理厂化学除磷研究 [J]. 净水技术, 2018, 37 (07): 10-13.

[124] Aryal A, Sathasivan A, Vigneswaran S. Synergistic effect of biological activated carbon and enhanced coagulation in secondary wastewater effluent treatment [J]. Water Sci Technol, 2012, 65 (2): 332-339.

[125] 曾德芳, 沈钢, 余刚, 等. 壳聚糖复合絮凝剂在城市生活污水处理中的应用 [J]. 环境化学, 2002, (05): 505-508.

[126] 汪德生, 张洪林, 蒋林时, 等. 微生物絮凝剂发展现状与应用前景 [J]. 工业水处理, 2004, (09): 9-12.

[127] 张娜, 尹华, 秦华明, 等. 微生物絮凝剂的稳定性及其对城市污水厂浓缩污泥的絮凝脱水 [J]. 微生物学通报, 2008, (05): 685-689.

[128] 吴元, 黄兴刚, 刘翠, 等. 污泥脱水药剂中试试验研究 [J]. 中国环保产业, 2022, (01):

39-42.

[129] 何强斌，张小松，于海洋. 高效生物絮凝剂在城市污水处理厂污泥调质处理中的应用 [J].
能源环境保护，2016，30（04）：31-34.

[130] Wang D，Liu X，Zeng G，et al. Understanding the impact of cationic polyacrylamide on anae-
robic digestion of waste activated sludge [J]. Water Research，2018，130：281-290.

[131] Wang D，Liu X，Al N H E. Approach of describing dynamic production of volatile fatty acids
from sludge alkaline fermentation [J]. Bioresource Technology，2017，（238）：343-351.

[132] 寇成贵，崔丰元. 聚合硫酸铁对污泥脱水性能研究 [J]. 环境科学与管理，2015，40（03）：
67-70.

[133] 桑建伟，黄家榜，杨宏星，等. 不同药剂对城市厌氧污泥脱水性能的影响 [J]. 环境保护与
循环经济，2019，39（12）：15-20，78.

[134] 柳海波，张惠灵，范凉娟，等. 投加调理剂与表面活性剂对污泥脱水性能的影响 [J]. 中国
给水排水，2012，28（03）：10-14.

[135] 孙雪萌. 给水厂污泥用于剩余污泥脱水研究 [D]. 天津：河北工业大学，2020.

[136] 毛华臻. 市政污泥水分分布特性和物理化学调理脱水的机理研究 [D]. 杭州：浙江大
学，2016.

[137] 陈坤，朱艳红，康婷婷，et al. H_2O_2 联合 PAC 对剩余污泥减量化的研究 [J]. 能源环境保
护，2020，34（02）：70-73.

[138] 刘秉涛，娄渊知，徐菲. 聚合氯化铝/壳聚糖复合絮凝剂在活性污泥中的调理作用 [J]. 环
境化学，2007，（01）：42-45.

[139] 李澜，谷晋川，张德航，等. 壳聚糖与硅藻土调理市政污泥 [J]. 土木建筑与环境工程，
2017，39（01）：140-146.

[140] 黄朋，叶林. 壳聚糖/蒙脱土复合絮凝剂的结构及污泥脱水性能 [J]. 高分子材料科学与工
程，2014，30（04）：119-122，126.

[141] 林霞亮，周兴求，伍健东，等. 无机混凝剂与壳聚糖联合调理对污泥脱水的影响 [J]. 工业
水处理，2015，35（10）：38-41.

[142] 郭俊元，文小英，贾晓娟，等. 磁性壳聚糖改善污泥脱水性能的研究 [J]. 中国环境科学，
2019，39（07）：2944-2952.

[143] 张娜，尹华，秦华明，等. 微生物絮凝剂改善城市污水厂浓缩污泥脱水性能的研究 [J]. 环
境工程学报，2009，3（03）：525-528.

[144] 吴幼权，郑怀礼，张鹏，等. 复合絮凝剂 CAM-CPAM 的制备及其污泥脱水性能 [J]. 环境
科学研究，2009，22（05）：535-539.

[145] 申亮. 壳聚糖和溶菌酶联用强化污泥脱水性能研究 [D]. 长沙：湖南大学，2015.

[146] 梁嘉林. 氧化-絮凝调理对市政污泥超高压压滤深度脱水的影响及其机理研究 [D]. 广州：
广东工业大学，2020.

[147] Niu M，Zhang W，Wang D，et al. Correlation of physicochemical properties and sludge dewa-
terability under chemical conditioning using inorganic coagulants [J]. Bioresource Technolo-

gy, 2013, 144: 337-343.

[148] Qi Y, Thapa K B, Hoadley A F A. Application of filtration aids for improving sludge dewatering properties - A review [J]. Chemical Engineering Journal, 2011, 171 (2): 373-384.

[149] 焦洪军. 粉煤灰制备聚氯化铝 (PAC) 的研究 [D]. 兰州: 兰州理工大学, 2008.

[150] 郑怀礼, 高亚丽, 蔡璐微, 等. 聚合氯化铝混凝剂研究与发展状况 [J]. 无机盐工业, 2015, 47 (02): 1-5.

[151] Chen Y J, Wang W M, Wei M J, et al. Effects of Al-coagulant sludge characteristics on the efficiency of coagulants recovery by acidification [J]. Environmental Technology, 2012, 33 (22): 2525-2530.

[152] Guan X H, Chen G H, Shang C. Re-use of water treatment works sludge to enhance particulate pollutant removal from sewage [J]. Water research, 2005, 39 (15): 3433-3440.

[153] Li J, Liu L, Liu J, et al. Effect of Adding Alum Sludge from Water Treatment Plant on Sewage Sludge Dewatering [J]. Journal of Environmental Chemical Engineering, 2015, 4 (1): 746-752.

[154] Nair A T, Ahammed M M. The reuse of water treatment sludge as a coagulant for posttreatment of UASB reactor treating urban wastewater [J]. Journal of Cleaner Production, 2015, 96: 272-281.

[155] Solís G, Alonso E, Riesco P. Distribution of Metal Extractable Fractions during Anaerobic Sludge Treatment in Southern Spain WWTPs [J]. Water Air & Soil Pollution, 2002, 140 (1-4): 139-156.

[156] Park C, Abuorf M M, Novak J T. Effect of cations on activated sludge characteristics [M]. US. 2004.

[157] Ghyoot W, Verstraete W. Anaerobic digestion of primary sludge from chemical preprecipitation [J]. Water Science & Technology, 1997, 36 (6-7): 357-365.

[158] Lin L, Li R H, Yang Z Y, et al. Effect of coagulant on acidogenic fermentation of sludge from enhanced primary sedimentation for resource recovery: Comparison between $FeCl_3$ and PACl [J]. Chemical Engineering Journal, 2017, 325: 681-689.

[159] Wei H, Gao B, Ren J, et al. Coagulation/flocculation in dewatering of sludge: A review [J]. Water Research, 2018, 143 (oct. 15): 608-631.

[160] Y. Watanabe, K. et al. Application of Amphoteric Polyelectrolytes for Sludge Dewatering [J]. Langmuir, 1999, 15 (12): 4157-4164.

[161] 伍艳馨. 聚合氯化铝对污泥厌氧过程的影响机理与调控研究 [D]. 长沙: 湖南大学, 2020.

[162] Liu X, Wu Y, Xu Q, et al. Mechanistic insights into the effect of poly ferric sulfate on anaerobic digestion of waste activated sludge [J]. Water Research, 2021, 189: 116645.

[163] Zhu S, Chen H. Unraveling the role of polyferric chloride in anaerobic digestion of waste activated sludge [J]. 2021.

[164] Liu X, Du M, Lu Q, et al. How Does Chitosan Affect Methane Production in Anaerobic Di-

gestion? [J]. Environmental Science & Technology, 2021, 55 (23): 15843-15852.

[165] Jiao Y M, Chen H B. Polydimethyldiallylammonium chloride induces oxidative stress in anaerobic digestion of waste activated sludge [J]. Bioresource Technology, 2022, 356.

[166] Wang S Q, Zhu S J, Chen H B. Uncovering the effect of polyethyleneimine on methane production in anaerobic digestion of sewage sludge [J]. Bioresource Technology, 2022, 362.

[167] 张自杰. 排水工程. 下册. 第4版 [M]. 北京: 中国建筑工业出版社, 2000.

[168] 苏高强. 剩余污泥碱性发酵产酸性能与优化 [D]. 北京: 北京工业大学, 2013.

[169] 戴晓虎. 城镇污水处理厂污泥稳定化处理的必要性和迫切性的思考 [J]. 给水排水, 2017, 53 (12): 1-5.

[170] 戴晓虎. 我国污泥处理处置现状及发展趋势 [J]. 科学, 2020, 72 (06): 30-34+34.

[171] 尚梦. 污泥破解预处理技术和破解后污泥厌氧消化效能研究 [D]. 武汉: 武汉大学, 2009.

[172] Liu X, Xu Q, Wang D, et al. Revealing the Underlying Mechanisms of How Initial pH Affects Waste Activated Sludge Solubilization and Dewaterability in Freezing and Thawing Process [J]. ACS Sustainable Chemistry & Engineering, 2018, 6 (11): 15822.

[173] 安鸿雪. 三聚氰胺和三聚氰酸对污水生物脱氮除磷和污泥厌氧消化产酸过程的影响及机理研究 [D]. 长沙: 湖南大学, 2018.

[174] 罗琨. 外加水解酶强化剩余污泥水解和酸化的研究 [D]. 长沙: 湖南大学, 2013.

[175] Wang Y, Wang D, Liu Y, et al. Triclocarban enhances short-chain fatty acids production from anaerobic fermentation of waste activated sludge [J]. Water Research, 2017, 127 (dec. 15): 150.

[176] Wang DD, Zhang D, Xu QX, et al. Calcium peroxide promotes hydrogen production from dark fermentation of waste activated sludge [J]. Chemical Engineering Journal, 2019, 355: 22-30.

[177] Liu X, Huang X, Wu Y, et al. Activation of nitrite by freezing process for anaerobic digestion enhancement of waste activated sludge: Performance and mechanisms [J]. Chemical Engineering Journal, 2020, 387: 124147-.

[178] Khan, M. A, H. H, et al. Comparing the value of bioproducts from different stages of anaerobic membrane bioreactors [J]. Bioresource Technology, 2016, 214: 816-825.

[179] Lange M, Ahring B K. A comprehensive study into the molecular methodology and molecular biology of methanogenic Archaea [J]. 2001, 25 (5): 553-571.

[180] Parawira W, Murto M, Zvauya R, et al. Anaerobic batch digestion of solid potato waste alone and in combination with sugar beet leaves: Parawira, W. et al. Renewable Energy, 2004, 29, (11), 1811-1823.

[181] 张婷, 杨立, 王永泽, 等. 不同接种物厌氧发酵产沼气效果的比较 [J]. 能源工程, 2008, (04): 30-33.

[182] Liu C, Wang W, Anwar N, et al. Effect of Organic Loading Rate on Anaerobic Digestion of Food Waste under Mesophilic and Thermophilic Conditions [J]. Energy & Fuels, 2017, 31

（3）：2976-2984.

[183]　胡纪萃．废水厌氧生物处理理论与技术［M］．北京：中国建筑工业出版社，2003.

[184]　Georgacakis D，Sievers D M，Iannotti E L. Buffer stability in manure digesters［J］. Agricultural Wastes，1982，4（6）：427-441.

[185]　Sommer S G，Husted S. A simple model of pH in slurry［J］. The Journal of Agricultural Science，1995.

[186]　Smith E M，Hoffmann D C. A Review of Frequently Unrecognized Considerations in the Design and Operation of Industrial Power Systems［J］. IEEE Transactions on Industry & General Applications，2009，IGA-1（2）：97-106.

[187]　Buysman E. Anaerobic Digestion for Developing Countries with Cold Climates - Utilizing solar heat to address technical challenges and facilitating dissemination through the use of carbon finance［J］. 2015.

[188]　Nelson R. 7-1 Methane Generation from Anaerobic Digesters：Considering Different Substrates［J］.

[189]　Ueno Y，Tatara M，Fukui H，et al. Production of hydrogen and methane from organic solid wastes by phase-separation of anaerobic process［J］. Bioresour Technol，2007，98（9）：1861-1865.

[190]　钱凤越．Fe$_3$O$_4$纳米颗粒对厌氧消化产甲烷过程的影响研究［D］．哈尔滨：哈尔滨工业大学，2015.

[191]　李永灿．餐厨垃圾厌氧发酵过程酶学表征［D］．无锡：江南大学，2010.

[192]　Yabu H，Sakai C，Fujiwara T，et al. Thermophilic two-stage dry anaerobic digestion of model garbage with ammonia stripping［J］. Journal of Bioscience & Bioengineering，2011，111（3）：312-319.

[193]　Winter C G. Mesophilic and thermophilic anaerobic digestion of source-sorted organic wastes：effect of ammonia on glucose degradation and methane production［J］. Applied Microbiology&Biotechnology，1997.

[194]　Bujoczek G，Oleszkiewicz J，Sparling R，et al. High Solid Anaerobic Digestion of Chicken Manure［J］. Journal of Agricultural Engineering Research，2000，76（1）：51-60.

[195]　Sahu N，Deshmukh S，Chandrashekhar B，et al. Optimization of hydrolysis conditions for minimizing ammonia accumulation in two-stage biogas production process using kitchen waste for sustainable process development［J］. Journal of Environmental Chemical Engineering，2017：S2213343717301823.

[196]　Debaere L A，Devocht M，Vanassche P，et al. Influence of High NaCl and NH$_4$Cl Salt Levels on Methanogenic Associations［J］. Water Research，1984，18（5）：543-548.

[197]　Wang Y，Zhao J，Wang D，et al. Free nitrous acid promotes hydrogen production from dark fermentation of waste activated sludge［J］. Water Research，2018，145（15）：113-124.

[198]　Xla B，Mda B，Jya B，et al. Sulfite serving as a pretreatment method for alkaline fermenta-

tion to enhance short-chain fatty acid production from waste activated sludge [J]. Chemical Engineering Journal，2020，385（1）：123991.

［199］ 张强. 热水解消化污泥产成品土地利用研究与分析 [D]. 北京：北京建筑大学，2020.

［200］ 宋晓雅，李维，王洪臣，等. 高碑店污水处理厂污泥处理系统工艺介绍及运行分析 [J]. 给水排水，2004，（12）：1-5.

［201］ 丹丹. 北京高碑店污水处理厂污泥发电 3 万 kW·h/d [J]. 给水排水，2005，（08）：9.

［202］ 杨立，叶文龙. 西安市污泥处理处置现状分析及对策研究 [J]. 中国给水排水，2015，31（20）：8-13.

［203］ 赵恩泽. 西安市第五污水处理厂能耗与污泥厌氧消化能效分析 [D]. 西安：西安建筑科技大学，2017.

第2章
絮凝剂在厌氧消化系统中
的迁移与转化

- 无机絮凝剂在厌氧消化系统中的
  迁移与转化
- 有机絮凝剂在厌氧消化系统中的
  迁移与转化

在厌氧消化系统中，絮凝剂的存在形态以及在固相液相中的分布状态会发生改变，这个改变可能是由于环境因素（如温度、pH 值、氧还原电位等）的改变引起的，也可能在微生物的作用下发生。例如，在厌氧消化系统中无机絮凝剂中的金属盐会发生水解，形成不同分子量的水解产物。大量研究表明，无机絮凝剂水解产物分子量的大小对絮凝性能影响巨大，从而也使得厌氧消化过程中的传质阻力各不相同，进而对污泥厌氧消化过程造成影响。以铁系絮凝剂为例，一方面，反应过程中存在着水解作用，水解产物的种类以及分子量的大小会影响厌氧消化反应的进行；另一方面，随着厌氧反应的进行，厌氧的还原条件使得三价铁转化为二价铁，絮凝性能降低。此外，无机絮凝剂中含有的阴离子或离子团的迁移转化也会对厌氧过程造成影响，如硫酸根离子在还原条件下能被硫酸盐还原菌还原产生低价态的硫元素，从而对厌氧过程造成影响。对于有机絮凝剂，由于其可生物利用性，絮凝剂在厌氧消化的过程中会被微生物降解，生成一系列降解产物，这些代谢产物对厌氧消化过程的影响各不相同。因此，探索和分析絮凝剂在污泥厌氧消化系统中的迁移转化对识别残余絮凝剂对污泥厌氧消化过程的影响意义重大。

2.1 无机絮凝剂在厌氧消化系统中的迁移与转化

2.1.1 无机絮凝剂在厌氧消化系统中的迁移

当铁系絮凝剂存在于厌氧消化系统时，厌氧系统的还原性条件导致三价铁向二价铁转化。有研究指出，由于二价铁的高溶解度（pH＝7 时溶解度为 0.02mol/L），99％的铁会以二价铁的形式被释放到上清液中[1]。同时，由于环境因素以及水力停留时间等差异，也有研究显示出不一样的结果。Linlin 等实验结果表明，含有氯化铁的污泥厌氧发酵完成后，仅仅6.8％～14.5％的二价铁从固相被释放到上清液中[2]。与之相对应的是，在使用 PAC 对污水进行处理时，污泥厌氧发酵结束后污泥上清液中铝释放比例在 3.9％～16.4％之间[2]。此外，环境 pH 值不仅会对金属盐水解性能造成影响，也会使得污泥理化性质改变，从而影响絮凝剂在厌氧消化系统内的迁移。研究表明，当污泥的预处理条件为 pH＝2.0 时 Al 的释放量为

125.3mg/L，当预处理条件为 pH＝9 或 10 时上清液 Al 含量介于 20％～40％之间。当预处理的 pH 值介于 4～8 时，上清液中 Al 的释放量均低于 10mg/L。随着反应的进行，初始 pH 值在 4～10 之间的上清液 Al 含量均下降到 6.5mg/L 以下，然而初始 pH 值为 2 的厌氧反应器，其上清液 Al 含量仍停留在 26.9mg/L 的高点[3]。同时，系统中碱性物质的种类也会影响絮凝剂的迁移，研究表明，与碳酸氢钠以及碳酸钠相比，采用氢氧化钠对污泥进行碱性预处理后，铝释放率达到近 100mg/L[3]。文献表明，在酸性或者碱性条件下，污泥中有机物、磷以及铝元素的迁移表达式如下[4]：

酸性条件：$HO\text{-}Al\text{-}PO_4 \cdots$ 有机物＋$H^+ \rightarrow Al^{3+} + H_2PO_4^- +$ 有机物

碱性条件：$HO\text{-}Al\text{-}PO_4 \cdots$ 有机物＋$OH^- \rightarrow AlO_2^- + PO_4^{3-} +$ 有机物

2.1.2　无机絮凝剂在厌氧消化系统中的转化

图 2-1 显示了在有 20 g/kg TS 聚合硫酸铁存在的厌氧消化反应器中铁元素和硫元素在污泥液相中的转化情况。反应过程中，溶解性的 Fe^{3+} 和 SO_4^{2-} 逐渐减少[2]。与此同时，Fe^{2+} 逐渐增加，消化反应开始 4d 内，Fe^{2+} 浓度从 0.1mg/L 增加到 2.6mg/L，整个反应周期内硫化物逐渐增加，从 0.7mg S/L 上升到 3.5mg S/L，意味着在厌氧消化过程中铁和硫酸盐在消化反应器内被铁还原菌和硫酸盐还原菌逐渐还原[6,7]。

从图 2-1 中可以看出，二价铁浓度在第 4 天达到顶峰，然后在第 16 天逐渐下降至接近零，此过程可能是由于二价铁与硫化物结合后生成的沉淀所致。对厌氧消化系统中铁和硫的浓度平衡分析发现，大部分铁和硫元素以沉淀和/或吸附的形式存在于沉积物中。除了液相中元素的迁移转化，在固相中也可能存在絮凝剂的生化转化行为，这也可能对厌氧消化过程造成影响，此方面有待进一步研究[8]。

厌氧消化反应过程中，聚合氯化铁中铁元素的转化也有类似规律。从图 2-2 中可以看出，反应 12d 后含有 5g/kg、10g/kg、20g/kg 以及 40g/kg TSS 反应器中三价铁浓度从最初的 6.33mg/L、10.93mg/L、14.82mg/L 以及 24.54mg/L 下降至 0.27mg/L、0.39mg/L、0.57mg/L 以及 1.07mg/L；与此同时，二价铁浓度增加至 6.14mg/L、10.6mg/L、13.7mg/L 以及 23.5mg/L。这意味着反应器中有超过 95％的三价铁被还原。研究指出，在此过程中，主要是铁还原菌使用三价铁作为电子受体，完成三价铁至二价

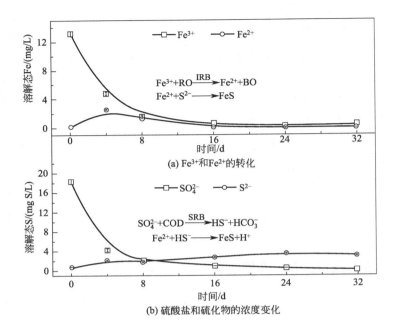

(a) Fe^{3+}和Fe^{2+}的转化

(b) 硫酸盐和硫化物的浓度变化

图 2-1 20g/kg TS PFS 污泥厌氧消化反应过程中 Fe^{3+} 和 Fe^{2+} 的转化以及硫酸盐和硫化物的浓度变化[5]

铁的转化[10]。

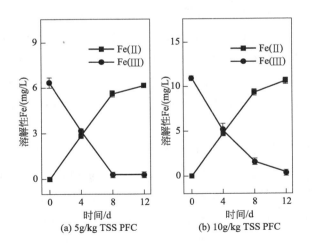

(a) 5g/kg TSS PFC

(b) 10g/kg TSS PFC

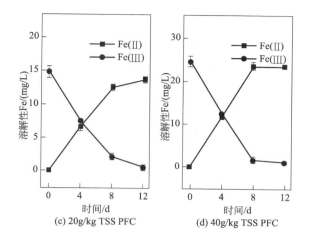

图 2-2 污泥厌氧消化反应过程中，不同 PFC 浓度条件下二价铁和三价铁浓度的改变[9]

对于聚铝而言，不同 pH 值条件下 PAC 的存在状态也会有所不同。研究指出，在酸性或者碱性条件下，Ala 的所占比例增加，Alb 和 Alc 相应减少；反之，中性条件下，PAC 水解产物中 Ala 急剧减少；Alb 和 Alc 分布比例升高[11,12]。此外，反应进行时间也会对 PAC 水解物分子量造成影响，文献研究表明，随着熟化时间的延长，Alc 占比增加[13]。

2.2 有机絮凝剂在厌氧消化系统中的迁移与转化

2.2.1 有机絮凝剂在厌氧消化系统中的迁移

有机絮凝剂以 PAM 为典型代表，为了探究 PAM 在污泥厌氧消化系统中的迁移状况，有研究者利用 PAM 作为高分子有机物可以用作碳源的特性，测定了含有 PAM 的污泥水热预处理后，污泥混合液、污泥上清液和污泥固相的产甲烷情况[14]。结果表明，在水热预处理后的厌氧消化过程中，含有 20mg/g cPAM 的污泥混合液的甲烷产量高于不含 cPAM 的污泥混合液。这意味着水热预处理能够降解污泥中的大分子絮凝剂，为甲烷产生提供额外碳源，使得甲烷产量提升（11.9mL CH$_4$/g TS 或者 595mL CH$_4$/g cPAM）。用预处理后的污泥固相和液相分别进行厌氧消化反应，发现 PAM 的存在主要增加了液相基质消化后的甲烷产量（17mL CH_4/g TS 在 20mg/g cPAM 絮凝的污泥中）。这意味着在水热处理过程中，PAC 发生迁移，进入反应器的液相中，作为消化系统中的碳源被利用，从而使得污泥液相有机物消化后甲烷产量增加。

2.2.2 有机絮凝剂在厌氧消化系统中的转化

2.2.2.1 PAM 的物化降解

作为一种高分子聚合物，一方面，有机絮凝剂在受到热、超声、机械等物理作用和碱性、氧化等化学作用后，其形态结构和稳定性可能发生改变，从而发生物化降解；另一方面，作为一种含有碳、氮元素的高分子有机物，在进入生态环境或污水-污泥体系中可以被微生物作为碳源和氮源利用，从而发生生物降解。

研究表明，对于 PAM 溶液的处理过程，PAM 的长碳链和侧链酰胺基均易为物理作用和化学作用所影响。例如，在热处理中 PAM 溶液的黏度随温度的升高而降低，其原因是高分子溶液的分散相粒子彼此纠缠形成网状结构的聚合体，温度越高时，网状结构越容易破坏，故其黏度下降；并且，PAM 在热处理过中侧链上的酰胺基会发生降解，脱去氨基，释放氨氮，随着热处理温度的升高，PAM 的长碳链可能发生断裂（图 2-3）[15]；如果 PAM 溶液中存在金属离子（如钴、铁、镍等），PAM 在热处理过程中耐高温性能提高，这可能是因为 PAM 极易与金属离子发生絮凝，从而增强了网状结构的稳定性[16]。在超声处理中，空化泡的崩溃所产生的高能量足以使化学键断裂，产生·OH，同难生物降解有机物发生氧化反应，将水体中难生物降解有机物转变成 CO_2、H_2O、无机离子或比原有机物毒性小易降解的有机物。有研究表明，PAM 在超声作用下有很好的降解效果，且符合 Arrheniuslaw 降解规律[10]。此外，PAM 作为一种高分子聚合物，极易受到机械外力如剪切、拉伸、挤压、摩擦等作用的影响，从而发生相应的降解反应。研究发现，PAM 溶液在速率为 5000/s 的剪切作用下会发生剧烈的降解，PAM 分子长碳链会发生断裂，黏度急剧下降；深入研究表明，PAM 的机械降解是一种自由基反应过程[17]。在碱性条件下，PAM 极易发生水解反应，部分聚丙烯酰胺转化为聚丙烯酸钠，而聚丙烯酸钠极易降解为丙

污泥厌氧消化过程中残余
絮凝剂影响及调控

烯酸钠，从而发生解聚作用。同样，氧化过程产生的自由基破坏 PAM 的长碳链或侧链酰胺基，使得 PAM 发生解聚和降解。有研究表明，在 400mg/L 的 Fe^{2+} 和 1.0 mol/L 的 H_2O_2，温度 40 ℃、时间 15 min，pH 值为 3.0 左右等条件的芬顿氧化作用下，PAM 的降解率达到了 85% 以上；在 0.001 mol/L 的 K_2FeO_4，温度 45℃、时间 15 min，pH 值为 3.0~4.0 等条件的氧化作用下，PAM 的降解率达到了 90% 以上[17]。对于污泥中残留的 PAM，在厌氧消化反应器中，不可避免会存在上述环境因素，从而使其发生降解。

2.2.2.2　PAM 的生物降解

研究发现，微生物可以在 PAM 溶液中进行生长、增殖等活动，这说明有机絮凝剂在特定情况下可以发生降解，且可以作为碳源被微生物使用[18]。在利用 PAM 产甲烷的实验室研究中，PAM 的甲烷产量为 267mL/g。充分佐证了有机絮凝剂的可生物利用以及可降解性[18]。PAM 也可作为碳源为微生物纯菌体系所利用，例如，Nakamiya K 从污泥和土壤中分离了两种菌株并分别鉴定为 *Enterobacter agglomerans* 和 *Azomonas macrocytogenes*，考察了它们将 PAM 作为碳源和氮源利用的情况（PAM 浓度初始为 10mg/mL），发现经过 27h 的培养，PAM 主碳链发生了断裂，PAM 的降解量达到了 20%，分子量降低了近 75%。包木太等从采油废水中分离了一中菌株并识别为 *Bacillus* Cohn；考察了它将 PAM 作为碳源利用的情况（PAM 浓度初始为 10mg/mL），发现经过该菌降解，PAM 的浓度降低至 200mg/L，且生物降解率最高可达到 38.4%[19]。

此外，多项研究表明，无论在厌氧或是好氧条件下 PAM 侧链上的酰胺基极易为微生物作为氮源所利用。例如，Haveroen 等通过批次实验探究了城市污泥在碳源充足、氮源不足的厌氧条件下降解 PAM 的可能性，发现 PAM 侧链上的酰胺基发生了降解，且随着厌氧培养时间的延长降解情况越显著；深入研究发现，产甲烷菌以及硫酸盐还原菌均可以利用 PAM 侧链的酰胺基作为氮源使用[20]。Kay-shoemake 等考察了 PAM 作为唯一氮源以及氮源之一（其他含酰胺基底物）时土壤微生物酰胺酶活性情况，发现降解 PAM 的微生物酰胺酶活性会受到其他含酰胺基的氮源底物的竞争性抑制[21]。此外，包木太等团队从采油废水、采油污泥、市政污泥等体系中分离出多种以 PAM 作为唯一碳源、氮源利用从而降解 PAM 的菌株[19,22]。

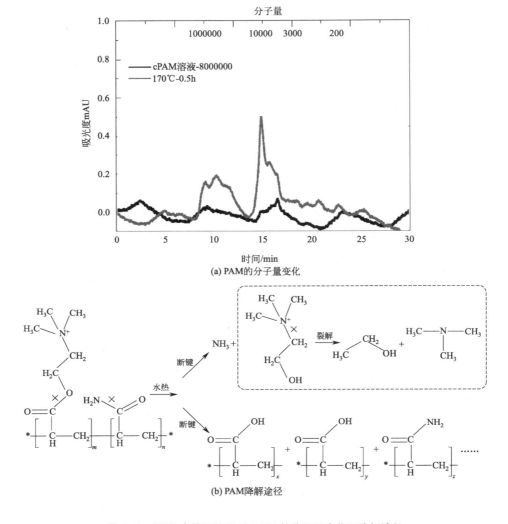

图 2-3　170℃水热预处理后 PAM 的分子量变化和降解途径

　　污泥厌氧消化，是在一系列的微生物综合作用下完成的生化过程。因此，在污泥厌氧消化过程中 PAM 不可避免受到微生物生命活动的影响。Dai 等探讨了以 PAM 作为唯一氮源、碳源时以污泥为底物的厌氧消化微生物对 PAM 的降解情况，结果表明，PAM 的侧链酰胺基可以为厌氧消化微生物作为氮源所利用产生羧基和氨基；并且，PAM 的长碳链可以作为碳源为厌氧消化微生物所利用产生短链脂肪酸和甲烷；经过 1 个月的批次厌氧消化，PAM 降解率为 11.7%[23]。后续工作中 Dai 等探讨了基于实际污泥厌氧消化体系中 PAM 的降解情况。发现在厌氧消化过程中，PAM 的长链结构首先在污泥中细菌释放的胞外酶作用下发生降解产生短链 PAM；短链 PAM 在污泥混合菌分泌的酰胺酶的作用下降解为聚丙烯酸，同时短链 PAM 和聚丙烯酸在胞外酶的作用下也可以直接降解为丙烯酸和丙烯酰胺；丙烯酰胺在酰胺酶的作用下降解为丙烯酸；之后聚丙烯酸和丙烯酸在氧化还原酶（如 Alcohol Dehydrogenase-ALDH 和 Oxidase 等）作用下解聚成丙酮酸和乙酰辅酶 A，之后在胞内乙酸激酶 AK 等的作用下转化为乙酸，最后在辅酶 F420 的作用下转化为甲烷，如图 2-4 所示。通过焦磷酸测序发现，降解 PAM 的主导微生物有 *Proteobacteria* sp.，*Pseudomonas* sp. 及 *Bacillus* sp. 等。

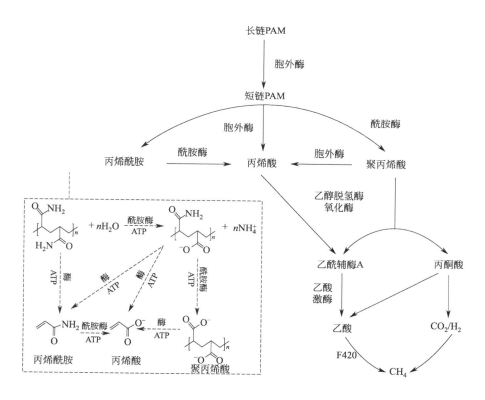

图 2-4 PAM 在污泥厌氧消化过程中的转换

参考文献

[1]   Brezonik P L，Arnold W，Arnold W. Water chemistry: an introduction to the chemistry of natural and engineered aquatic systems [M]. Water Chemistry: An Introduction to the Chemistry of Natural and Engineered Aquatic Systems，2011.

[2]   Lin L，Li R H，Yang Z Y，et al. Effect of coagulant on acidogenic fermentation of sludge from enhanced primary sedimentation for resource recovery: Comparison between $FeCl_3$ and PACl [J]. Chemical Engineering Journal，2017，325: 681-689.

[3]   Wang D，Liu X，Zeng G，et al. Understanding the impact of cationic polyacrylamide on anaerobic digestion of waste activated sludge [J]. Water Research，2018，130: 281-290.

[4]   Lin L，Li R H，Li X Y. Recovery of organic resources from sewage sludge of Al-enhanced primary sedimentation by alkali pretreatment and acidogenic fermentation [J]. Journal of Cleaner Production，2018，172: 3334-3341.

[5]   Liu X，Wu Y，Xu Q，et al. Mechanistic insights into the effect of poly ferric sulfate on anaerobic digestion of waste activated sludge [J]. Water Research，2021，189: 116645.

[6]   Liu Y，Zhang Y，Ni B J. Evaluating Enhanced Sulfate Reduction and Optimized Volatile Fatty Acids (VFA) Composition in Anaerobic Reactor by Fe (III) Addition [J]. Environmental Science & Technology，2015，49 (4): 2123-2131.

[7]   Lara，M.，Paulo，et al. Methanogens，sulphate and heavy metals: a complex system [J]. Reviews in Environmental Science&Biotechnology，2015，14 (4): 537-553.

[8]   Zeng Q，Hao T，Yuan Z，et al. Dewaterability enhancement and sulfide mitigation of CEPT sludge by electrochemical pretreatment [J]. Water Research，2020，176 (12): 115727.

[9]   Zhu S J，Chen H B. Unraveling the role of polyferric chloride in anaerobic digestion of waste activated sludge [J]. Bioresource Technology，2022，346: 126620.

[10]   Zhang J，Qu Y，Qi Q，et al. The bio-chemical cycle of iron and the function induced by ZVI addition in anaerobic digestion: A review [J]. Water Research，2020，186 (45): 116405.

[11]   Chen Y，Wu Y，Wang D，et al. Understanding the mechanisms of how poly aluminium chloride inhibits short-chain fatty acids production from anaerobic fermentation of waste activated sludge [J]. Chemical Engineering Journal，2017，334: 1351-1360.

[12]   Yan M，Wang D，Yu J，et al. Enhanced coagulation with polyaluminum chlorides: role of pH/alkalinity and speciation [J]. Chemosphere，2008，71 (9): 1665-1673.

[13]   Wang D，Sun W，Xu Y，et al. Speciation stability of inorganic polymer flocculant-PACl [J]. Colloids and Surfaces A: Physicochemical and Engineering aspects，2004，243 (1-3): 1-10.

［14］ El-mamouni R，Frigon J C，Hawari J，et al. Combining photolysis and bioprocesses for min-eralization of high molecular weight polyacrylamides ［J］. Biodegradation，2002，13 (4)：221.

［15］ Yang M H. On the thermal degradation of poly（styrene sulfone）s. V. Thermogravimetric kinetic simulation of polyacrylamide pyrolysis ［J］. Journal of Applied Polymer Science，2010，86 (7)：1540-1548.

［16］ Yen H Y，Yang M H. The effect of metal ions additives on the rheological behavior of polyac-rylamide solution ［J］. Polymer Testing，2003，22 (4)：389-393.

［17］ 孙宏磊，张学佳，王建，等. 聚丙烯酰胺特性及生产技术探讨 ［J］. 化工中间体，2011，7 (02)：23-27.

［18］ Chen H，Chen Z，Nasikai M，et al. Hydrothermal pretreatment of sewage sludge enhanced the anaerobic degradation of cationic polyacrylamide（cPAM）［J］. Water Research，2021，190 (8)：116704.

［19］ 包木太，王娜，陈庆国，等. 活性污泥中细菌对聚丙烯酰胺的生物降解研究 ［J］. 农业环境科学学报，2009，28 (04)：833-838.

［20］ Haveroen M E，Mackinnon M，Fedorak P M. Polyacrylamide added as a nitrogen source stimulates methanogenesis in consortia from various wastewaters ［J］. Water Research，2005，39 (14)：3333-3341.

［21］ Kay-shoemake J L，Watwood M E，Sojka R E，et al. Polyacrylamide as a substrate for mi-crobial amidase in culture and soil ［J］. Soil Biology & Biochemistry，1998，30 (13)：0-1654.

［22］ 于淑玉. 内源酶生物预处理强化污泥厌氧消化效能的研究 ［D］. 哈尔滨：哈尔滨工业大学，2014.

［23］ Dai X，Luo F，Yi J，et al. Biodegradation of polyacrylamide by anaerobic digestion under mesophilic condition and its performance in actual dewatered sludge system ［J］. Bioresource Technology，2014，153：55-61.

第3章
絮凝剂对污泥厌氧消化
处理效能的宏观影响

- 无机絮凝剂对污泥厌氧消化处理
  效能的宏观影响
- 有机絮凝剂对污泥厌氧消化处理
  效能的宏观影响

目前，絮凝剂在污泥厌氧处理过程中的影响已经被大量研究，然而到目前为止，还没有人系统地总结或批判性地考虑残余絮凝剂在污泥厌氧处理系统中的宏观影响。对于大部分絮凝剂而言，由于电中和、吸附架桥以及网捕卷扫效应的存在，会使得消化系统内污泥颗粒团聚效应增强，从而增加系统内的传质阻力，阻碍基质与微生物以及基质与酶之间的接触，从而导致消化系统内反应速率以及厌氧微生物对基质的降解能力减弱。然而，由于絮凝剂本身絮凝效应不一致，其所造成的传质阻力也各不相同，因此对厌氧消化过程造成的抑制度也不同。另一方面，除了传质阻力所形成的抑制效应，絮凝剂其本身可能对微生物存在毒害作用，从而对由微生物所驱动的厌氧消化过程造成影响。此外，虽然由于絮凝效应和毒理效应的存在，大部分絮凝剂对污泥厌氧消化过程在理论上都会存在抑制效应，但是不同絮凝剂也会产生不同效应。例如，作为生物酶的重要组成部分，铁元素被众多文献报道能够促进生物活性。然而，目前为止，还没有人定量总结不同絮凝剂在厌氧消化过程中的宏观影响从而为实际工程应用提供数据支持。因此，有必要对不同絮凝剂对污泥厌氧消化的宏观影响做批判性的总结说明。

3.1 无机絮凝剂对污泥厌氧消化处理效能的宏观影响

3.1.1 无机低分子絮凝剂

3.1.1.1 对污泥厌氧消化甲烷产量的影响

以氯化铁、氯化铝和硫酸铝为代表的无机低分子絮凝剂，广泛应用于各类工业废水处理、给水处理以及污水处理，导致其进入污水处理厂并残留在污泥中，对污泥厌氧消化产生影响。关于氯化铁和氯化铝对污泥厌氧消化产甲烷的影响已经有大量研究。

以典型无机低分子絮凝剂氯化铁和氯化铝为例。研究表明，当消化反应结束时未含絮凝剂的污泥单位产气量平均值为 249.99mL/g VS。当氯化铝的浓度为 90mg/L、150mg/L 时，其产气率相比较于空白污泥分别降低了 12.8% 和 28.1%；当氯化铁浓度为 150mg/L 时，产气率为 280.3mL/g VS。可以看出，氯化铝作为絮凝剂时，对污泥厌氧消化存在抑制作用，氯化铁无抑制甚至有促进作用[1]。然而，也有研究指出（图 3-1），在污泥厌氧消化过程中氯化铁和氯化铝均会产生抑制效应，但此抑制效应可通过碱度的补充得以缓解甚至消除。因此可以推测，对于低分子絮凝剂来说，其对产甲烷的抑制作用主要由强酸弱碱盐导致的碱度失衡引起的。

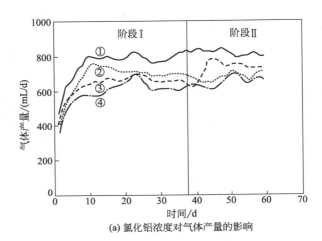

(a) 氯化铝浓度对气体产量的影响

①—对照组
②—AlCl₃ 150mg/L（DAY 1-37）；325mg/L（DAY 38 ON）
③—AlCl₃，200mg/L
④—AlCl₃，250mg/L

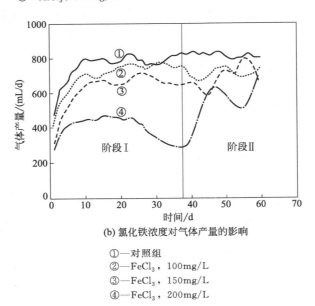

(b) 氯化铁浓度对气体产量的影响

①—对照组
②—FeCl₃，100mg/L
③—FeCl₃，150mg/L
④—FeCl₃，200mg/L

图 3-1 污泥厌氧消化过程中氯化铝和氯化铁浓度对气体产量的影响[2]

污泥厌氧消化过程中残余
絮凝剂影响及调控

3.1.1.2 对污泥厌氧消化典型生化过程的影响

从 1.4.2 部分可知,污泥厌氧消化过程的中间产物有 SCOD、VFAs 等。中间产物的浓度变化与厌氧消化过程息息相关。污泥厌氧消化过程中不同浓度氯化铁对上清液中 SCOD 和 VFAs 的影响如图 3-2 所示。氯化铁

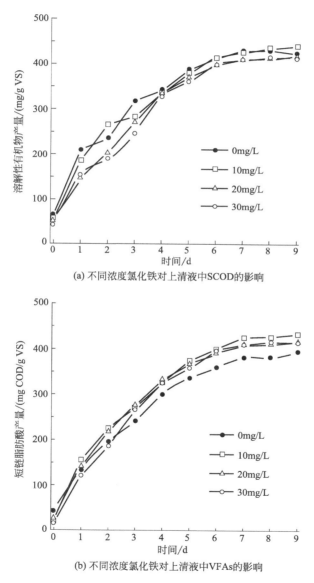

(a) 不同浓度氯化铁对上清液中SCOD的影响

(b) 不同浓度氯化铁对上清液中VFAs的影响

图 3-2　污泥厌氧消化过程中不同浓度氯化铁对上清液中 SCOD 和 VFAs 的影响[3]

对污泥厌氧消化过程中的有机物溶出以及短链脂肪酸产生并无明显抑制[3]，这也与上述氯化铁对厌氧消化过程甲烷产量的影响相呼应。

3.1.2 无机高分子絮凝剂

3.1.2.1 对污泥厌氧消化甲烷产量的影响

无机高分子絮凝剂代表物质有聚合氯化铝（PAC）、聚合硫酸铁（PFS）、聚合氯化铁（PFC）等，其中 PAC 是应用最为广泛的无机高分子絮凝剂。PAC、PFS、PFC 作为无机高分子絮凝剂的代表物质，常常被应用于污水处理之中，从而不可避免通过污水处理系统从进入污泥，并且在污泥中累积，影响污泥的厌氧消化性能。

为不同种类无机高分子絮凝剂在不同浓度下对污泥厌氧消化产甲烷的影响如图 3-3 所示。从图 3-3 中可以看出，无论何种絮凝剂，随着絮凝剂浓度升高，抑制效应增强。例如图 3-3(a)，当污泥中 PFS 浓度从 5g/kg TSS 增加到 20g/kg TSS 时，相对于空白污泥，甲烷产量的抑制率从 8.3% 增加到 32%；当 PFS 浓度继续增加到 40g/kg TSS 时，污泥产甲烷抑制率进一步增加到 43.3%。同时 PFS 的存在也导致产甲烷的速率减慢，迟滞时间延长。相似的现象也发生在 PAC 和 PFC 反应器中 [图 3-3(b)、(c)]，污泥中 PAC 和 PFC 的存在会对产甲烷的过程造成不同程度的抑制，且絮凝剂浓度越高，抑制效果越强。从图 3-3(b) 中可以看出，与不含 PAC 的污泥相比，含有 10mg Al/g TSS、20mg Al/g TSS、30mg Al/g TSS PAC 絮凝剂的反应器中，产甲烷抑制率分别为 11.95%、15.33% 和 21.32%[8]。同样，从图 3-3(c) 中可以看出，与空白污泥相比，40g/kg TSS PFC 使得甲烷产量从 195mL/g VSS 降低至 156mL/g VSS，甲烷产量降低率为 20%[7]。相似的结果同样也在其他研究中被发现。以藻类为厌氧消化对象的研究中，添加了含有 984mg/L 铝浓度的 PAC 的藻液，累积沼气产量降低 40% 以上[9]。

以上结论表明，对于无机高分子絮凝剂来说，无论是铁系还是铝系，其存在都能够对污泥厌氧消化产甲烷产生抑制效果，并且随着所添加物质浓度的升高，其抑制效果越明显，其抑制程度从大到小分别为 PFS＞PAC＞PFC。此结果可能是由于除了絮凝效应外，PFS 中的硫酸根被还原成二价硫，对微生物进一步造成了毒性抑制，使得抑制效应增强。同时，在PFC 中，由于铁元素的存在，削弱了一部分的抑制效果。

污泥厌氧消化过程中残余
絮凝剂影响及调控

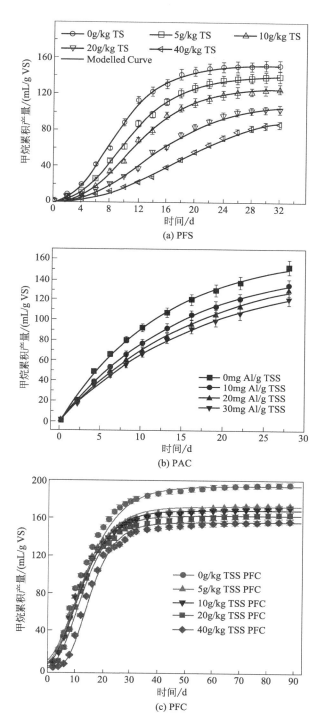

图 3-3　不同浓度 PFS、PAC 以及 PFC 对污泥厌氧消化产甲烷的影响[4-6]

3.1.2.2 对污泥厌氧消化典型生化过程的影响

（1）厌氧中间产物

图 3-4(a) 为含有 PAC 的污泥厌氧消化过程中上清液溶解性糖的浓度随时间的变化，从中可以看出，随着 PAC 浓度的升高，溶解性糖的浓度减小；在不含 PAC 的反应器中，糖的降解速率和降解量均大于含有 PAC 的消化反应器。图 3-4(b) 展示了添加不同 PAC 的污泥发酵生产 SCFAs 的情况，不同 PAC 浓度的厌氧消化反应器中 SCFAs 的浓度显示出一致的趋势。在反应开始的 2～3d 内，SCFAs 浓度随着时间的增长而增长，并在之后的几天内

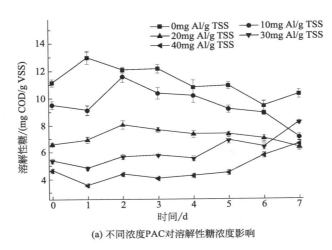

(a) 不同浓度PAC对溶解性糖浓度影响

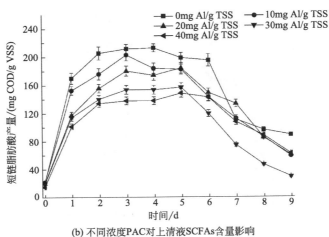

(b) 不同浓度PAC对上清液SCFAs含量影响

图 3-4　不同浓度 PAC 对厌氧消化反应器中溶解性糖以及上清液 SCFAs 含量影响[10]

几乎保持不变，随着反应时间的延长，各反应器中 SCFAs 浓度下降。随着 PAC 浓度的增加，SCFAs 的最大产量从 212.17mg COD/g VSS（0mg Al/g TSS）显著降低到 138.43mg COD/g VSS（40mg Al/g TSS）。此实验现象充分表明 PAC 的存在会影响反应器内 SCFAs 的最大产量。总体来说，在添加不同浓度 PAC 的污泥厌氧消化反应器中，随着 PAC 浓度的升高，溶出有机质减少，反应器内短链脂肪酸浓度也减少，这意味着产甲烷菌可利用的有机质减少，从而使得产甲烷量降低。

图 3-5（a）为碱性条件下（pH＝9.5）不同浓度 PAC 存在下反应器中污

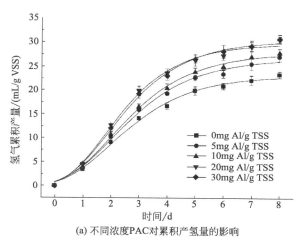

(a) 不同浓度PAC对累积产氢量的影响

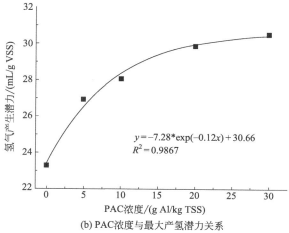

(b) PAC浓度与最大产氢潜力关系

图 3-5　不同浓度 PAC 对污泥厌氧消化累积产氢量的影响

以及 PAC 浓度和最大产氢潜力的关系

泥暗发酵的累积产氢量的曲线图。反应开始至第 6 天，所有反应器的累积产氢量都呈现出逐渐递增趋势，此后未见明显增加。空白反应器中，其最大产氢量和最佳发酵时间分别为 20.9mL/g VSS 和 6d。在含有 PAC 的反应器中，产氢趋势也基本一致。数据表明，PAC 的存在对氢气产量有一定的提升作用。随着 PAC 中铝含量从 0 增加到 20mg Al/g TSS，最大累积产氢量从 20.9mL/g VSS 增加到 27.4mL/g VSS。当 PAC 含量进一步增加到 30mg Al/g TSS 时，产氢量略有增加，但增加不明显（$P>0.05$）。这意味着在厌氧反应器中，PAC 的存在可能导致微生物产氢量的增加或者耗氢量的减少。

（2）厌氧末端产物

在厌氧消化反应器中，除甲烷气体外，还会有一系列末端产物生成，例如 H_2S、CO_2、NH_4^+-N 等。其中 H_2S 是一种无色、有臭鸡蛋味的对人体健康有害的气体，当空气中 H_2S 的浓度为 $1.4mg/m^3$ 时人体能感觉到臭味；H_2S 浓度达到 $11mg/m^3$ 以上时，能够刺激人体呼吸系统，使人产生咳嗽以及嗅觉钝化等现象，严重时甚至会灼伤呼吸道；H_2S 浓度更高时，可导致失明、头晕、呼吸困难、心跳加速等症状，甚至心脏缺氧而死亡。H_2S 还会引起设备和管路腐蚀，且沼气燃烧时放出的 SO_2 气体严重污染大气环境[11-13]。图 3-6（a）中，在反应初始的 0～14d 中，有 PFS 存在的反应器，H_2S 产量都低于空白反应器，其原因可能是絮凝剂造成的传质阻力以及二价铁对于硫化物的沉淀效应。随着反应的进行，在有 PFS 存在的反应器中，累积 H_2S 产量在 20g/kg TS 和 40g/kg TS PFS 添加反应器中分别是空白反应器的 115.1% 和 127.4%，代表 PFS 絮凝剂本身所含的硫酸根可能被硫酸盐还原菌利用产生硫化氢。图 3-6（b）可以看出 PAC 的存在会极大地抑制硫化氢的产生，在 30mg Al/g TSS 的 PAC 污泥中，在第 20 天，累积硫化氢产量仅为空白反应器中的 43.33%，相对于空白污泥硫化氢累积量减少了 50% 以上。这可能是由于 PAC 的存在一方面阻碍了蛋白质的水解，另一方面也抑制住硫酸盐还原菌的活性，从而使硫化氢产量大幅度降低。

以上结果表明，无机高分子絮凝剂中，PAC 对有毒有害气体的逸散有控制作用，但 PFS 会刺激毒害气体的释放。从这个角度来说，PFS 的存在对厌氧消化系统的工程应用更为不利。

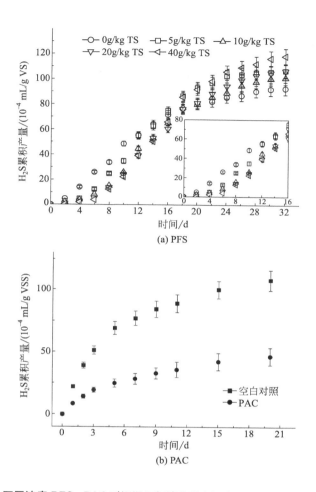

图 3-6　不同浓度 PFS、PAC 对污泥厌氧消化反应器中累积硫化氢产量的影响

3.2　有机絮凝剂对污泥厌氧消化处理效能的宏观影响

有机絮凝剂是 20 世纪 60 年代开始使用的第二代絮凝剂。有机絮凝剂相比于无机高分子絮凝剂其使用剂量更小，而且絮凝速度更快，形成的絮体也会更大，受溶液离子、pH 值以及温度等因素的影响更小，因此其使用也极为广泛，在水处理领域有着更为广阔的应用前景。

有机絮凝剂的种类主要有合成有机絮凝剂和天然絮凝剂两大类。

3.2.1 合成有机絮凝剂

3.2.1.1 对污泥厌氧消化甲烷产量的影响

图 3-7(a) 为不同剂量的 PAM 对污泥厌氧消化累积产甲烷量的影响。可以看出，对照组的累积甲烷产量在 0~22d 内随着消化时间逐渐增加，在 22d 后无明显增加，此时累积产甲烷量达到最大，即对照组的污泥厌氧消化

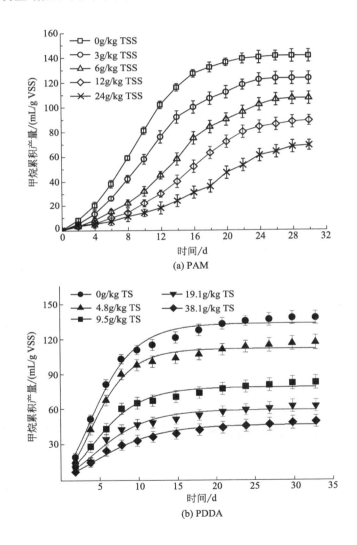

(a) PAM

(b) PDDA

图 3-7　不同剂量 PAM 及 PDDA 对污泥厌氧消化累积甲烷产量的影响[14,15]

　污泥厌氧消化过程中残余
絮凝剂影响及调控

最大累积甲烷产量为（139.1±5.1）mg/g VSS[（1861.5±68.3）mL/L]，但当污泥中分别添加 3g/kg、6g/kg、12g/kg 和 24g/kg TSS 的 PAM 时，最大累积甲烷产量分别为（123.1±4.7）mL/g、（106.9±4.6）mL/g、（88.7±3.9）mL/g 和（67.4±4.2）mL/g VSS[（1647.4±62.9）mL/L、（1430.6±61.6）mL/L、（1187.0±52.3）mL/L 和（902.0±56.2）mL/L]。可以知道，虽然甲烷累积产量变化趋势相似，都是先上升后续平稳，但是可以明显发现 PAM 的存在极大影响了厌氧消化过程中甲烷的产生。图 3-7（b）评估了不同浓度 PDDA 对污泥厌氧消化产甲烷性能的影响。结果表明反应器开始 18d，每个反应器中甲烷产量均迅速上升，然后逐渐稳定。对照反应器中最大甲烷产量为（138.2±5.5）L CH_4/kg VS，在 PDDA 添加量为 4.8g/kg、9.5g/kg、19.1g/kg 和 38.1g/kg PDDA 反应器中，甲烷产量下降至（117.2±6.0）L CH_4/kg VSS、（82.9±5.8）L CH_4/kg VSS、（62.8±5.1）L CH_4/kg VSS 和（49.4±5.0）L CH_4/kg VS。这些实验结果表明 PDDA 对厌氧消化过程中甲烷的产生有强抑制作用。值得注意的是，PDDA 在 4.8～38.1g/kg 浓度时，甲烷产量降低至 64.3%，高于相似浓度下 PFS 反应器中的 43.3% 和 cPAM 反应器中的 51.6%，这表明 PDDA 相较于其他絮凝剂，对厌氧消化过程有更强的抑制效果。

图 3-8 统计了长期运行中第 120 天至第 195 天的产甲烷数据，经过 3 个月的长期运行，0g PAM/kg TSS、6g PAM/kg TSS 和 12g PAM/kg TSS

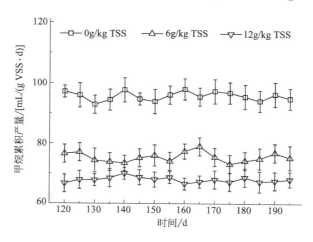

图 3-8　PAM 对半连续污泥厌氧消化器中甲烷产量的影响

反应器中日均甲烷产量都达到稳定（$P>0.05$）。可以发现，0g PAM/kg TSS、6g PAM/kg TSS 和 12g PAM/kg TSS 反应器中日均甲烷产量分别为（95.5±3.0）mL/（g VSS·d）、（75.2±2.8）mL/（g VSS·d）、（68.7±3.3）mL/（g VSS·d），也就是 1278.0mL/（L·d）、1006.3mL/（L·d）、919.4mL/（L·d）。说明在半连续长期反应器中，6g/kg TSS 和 12g/kg TSS 的 PAM 的存在分别对日均甲烷产量产生了 21.3% 和 28.1% 的抑制。与批次实验中对应剂量的 PAM 的抑制结果相比较（即 23.2% 和 36.2%），半连续长期实验中显示的抑制比更低一些，原因可能是由于长期实验中参与甲烷产生的细菌-古菌体系逐渐对 PAM 产生了适应[16]。

3.2.1.2 对污泥厌氧消化生化过程的影响

（1）厌氧中间产物

研究发现 cPAM 的存在可能抑制污泥的厌氧消化过程，由于高 cPAM 浓度下的颗粒絮凝性，能够使污泥的溶出和水解过程受到抑制，同时 cPAM 的降解产物也能抑制厌氧过程。在厌氧消化初期，溶解性蛋白质和多糖浓度快速升高，并在第 4～第 6 天达到最大。这是由于厌氧消化系统中的水解酸化微生物分泌胞外酶，作用于污泥絮体使得大分子有机物释放和水解[18, 19]。可以发现，PAM 添加量为 0g/kg TSS、6g/kg TSS、12g/kg TSS 的 3 个消化罐中溶解性蛋白质和多糖最大浓度分别为（678.5±14.5）mg COD/L 和（139.3±8.2）mg COD/L、（601.7±14.8）mg COD/L 和（114.8±7.3）mg COD/L、（407.5±16.4）mg COD/L 和（84.8±6.3）mg COD/L（图 3-9），说明了 PAM 的投加对于污泥厌氧消化过程中有机物的溶出产生了抑制作用。随后各消化罐中溶解性蛋白质和多糖浓度缓慢降低，这是由于厌氧消化系统中的产酸微生物（包括产乙酸菌）利用溶解性有机物如蛋白质和糖进行代谢产生挥发性短链脂肪酸、氢气和二氧化碳；之后为产甲烷菌所利用生产甲烷并释放于气相中。此外，通过分析第 4～第 12 天溶解性蛋白质和多糖浓度变化，可以发现 PAM 的存在对于有机物的利用也存在一定的抑制作用。随着消化反应的进行，含 PAM 的高固污泥中上清液有机质的溶出情况同样有类似规律[22]。

与溶解性蛋白质和多糖变化趋势相似，SCFAs 也在第 4～第 6 天达到最

污泥厌氧消化过程中残余
絮凝剂影响及调控

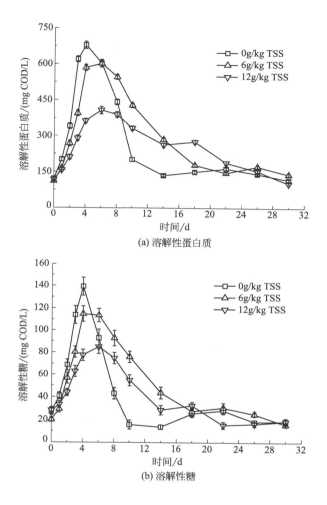

(a) 溶解性蛋白质

(b) 溶解性糖

图 3-9　不同浓度 PAM 厌氧消化反应器中批次实验中溶解性蛋白质

和溶解性糖含量的变化情况[14, 16, 17]

大 [图 3-10(a)]。在污泥的厌氧消化过程中，有机物的溶出阶段为限速步骤，相对于其他生化反应，由于产酸微生物较短的世代时间，消化反应器中脂肪酸的产生速率相对较快[23,24]。如图 3-10 所示，投加 0g/kg TSS、6g/kg TSS、12g/kg TSS 的 PAM 三个消化罐中短链脂肪酸浓度分别在消化第 4 天、第 4 天、第 6 天达到最大浓度 (716.2±6.6)mg COD/L、(650.0±6.4)mg COD/L、(486.3±6.4)mg COD/L。同时，在消化第 6～第 14 天三个消化罐中 SCFAs 浓度分别下降了 (564.7±5.3)mg COD/L、(317.4±4.6)mg COD/L、(176.9±2.3)

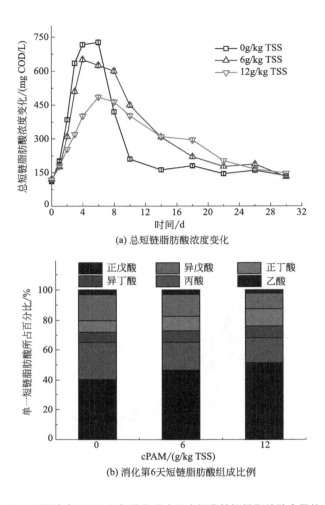

(a) 总短链脂肪酸浓度变化

(b) 消化第6天短链脂肪酸组成比例

图 3-10   不同浓度 PAM 厌氧消化反应器中挥发性短链脂肪酸含量的变化

和消化第 6 天短链脂肪酸组成比例情况[17]   (书后另见彩图)

mg COD/L，一定程度上反映了 PAM 的存在对于产甲烷菌利用短链脂肪酸的过程也存在抑制作用。

如图 3-11(c) 所示。长期运行中 3 个反应器内短链脂肪酸含量均保持了稳定性（$P>0.05$），这也从侧面说明了系统产甲烷厌氧过程的稳定性，与前述结果一致。同时，该半连续长期实验中添加 PAM 的反应器中短链脂肪酸浓度与对照组比较浓度显著低一些（$P<0.05$）。0g PAM/kg TSS、6g PAM/kg TSS 和 12g PAM/kg TSS 反应器中短链脂肪酸浓度分别为（436.3±18.5）

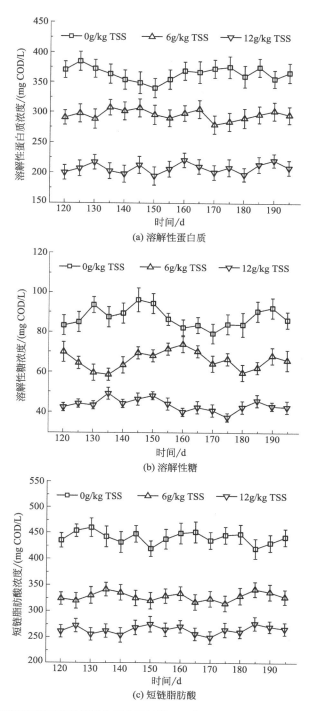

图 3-11　PAM 对半连续污泥厌氧消化器中溶解性、蛋白质溶解性糖、短链脂肪酸浓度的影响

mg COD/L、（330.8±14.2)mg COD/L、（263.6±12.8)mg COD/L。说明在半连续长期反应器中，6g/kg TSS 和 12g/kg TSS 的 PAM 的存在分别对厌氧消化过程中中间代谢产物短链脂肪酸浓度产生了 24.2% 和 39.6% 的抑制。图 3-11(a) 和图 3-11(b) 展示了半连续长期反应器中产甲烷过程主要中间代谢产物蛋白质和多糖浓度的情况。可以发现，与短链脂肪酸变化趋势一致，蛋白质和多糖的浓度都达到了稳定（$P>0.05$)，0g PAM/kg TSS、6g PAM/kg TSS 和 12g PAM/kg TSS 反应器中蛋白质和多糖浓度分别为（362.8±16.0)mg COD/L 和（85.1±5.5)mg COD/L、（290.2±14.6)mg COD/L 和（64.3±3.5)mg COD/L、（216.7±12.8)mg COD/L 和（43.9±2.7)mg COD/L。说明在半连续长期反应器中，6g/kg TSS 和 12g/kg TSS 的 PAM 的存在分别对厌氧消化过程中中间代谢产物蛋白质和多糖浓度产生了 20.0% 和 24.5%、40.3% 和 48.4% 的抑制。这些现象说明参与产甲烷体系的有机底物浓度较低，PAM 的存在降低了污泥中参与厌氧产甲烷体系的有机物浓度。这一结果表明絮凝剂的存在可以显著降低污泥中有机物的溶出和水解，从而使得厌氧消化反应器中甲烷产量的降低[16,17,25,26]。因此，要想提高含 PAM 污泥的厌氧消化特性，必须对含 PAM 污泥进行预处理来破坏 PAM-污泥絮体，促进污泥中有机底物的溶出，为产甲烷过程提供足够底物。

（2）厌氧末端产物

污泥厌氧消化过程中，氨氮是一种重要的代谢产物，是合成细胞物质的主要成分之一，但浓度过高会导致体系通游离氨浓度的上升从而影响微生物活性、抑制甲烷菌生长[27,28]；PAM 在厌氧降解过程中也会释放大量氨氮[16]。有研究测定了批次实验中氨氮含量的变化情况，结果如图 3-12(a) 所示。可以发现，在整个厌氧消化过程中氨氮含量逐渐升高。在消化前期，三个消化罐内氨氮浓度无明显差异（$P>0.05$)，但是在厌氧消化后期，加入 PAM 的消化罐中氨氮含量始终高于对照组。有研究表明，PAM 在污泥厌氧消化过程中存在一定的降解并释放出氨氮[17]。此外，即使在消化末期，最大氨氮浓度也是低于 1000mg/L（pH7.0，35℃)，未达到厌氧消化的抑制浓度（>2500mg/L)。

图 3-12(b) 展示了半连续长期反应器中产甲烷过程主要代谢产物氨氮浓度的情况。可以看出，与短链脂肪酸和蛋白质浓度变化趋势一致，长期运行的三个反应器中氨氮浓度波动都不大（$P>0.05$)，但是随着 PAM 的存在量的升高而

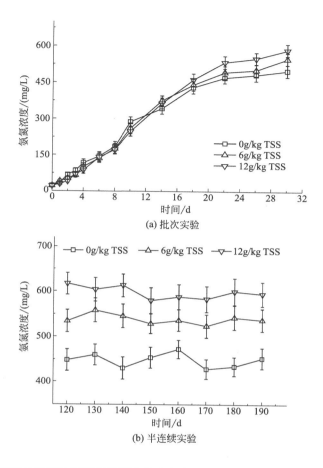

(a) 批次实验

(b) 半连续实验

图 3-12 不同 PAM 浓度污泥厌氧消化批次实验和半连续实验中氨氮含量的变化情况

逐渐变大。0g PAM/kg TSS、6g PAM/kg TSS 和 12g PAM/kg TSS 反应器中氨氮浓度分别为（428.0±21.7）mg/L、（545.7±25.5）mg/L、（601.7±28.1）mg/L。这进一步说明了 PAM 在污泥厌氧消化过程中存在一定的降解并释放出一定量的氨氮。同样，半连续反应器中最大氨氮浓度均低于 500mg/L（pH7.0，35℃），未达到厌氧消化的抑制浓度（>2500mg/L）。

3.2.2 天然有机絮凝剂

3.2.2.1 对污泥厌氧消化甲烷产量的影响

壳聚糖（Chitosan，CTS）是一种具有氨基的典型天然有机絮凝剂，其可以与水溶液中的氢离子（H⁺）结合生成带有正电荷的聚合物，为天然多糖甲壳素脱除部分乙酰基的产物。壳聚糖是一种对环境友好并且高效的絮凝剂，其可代替人造絮凝剂聚合氯化铝和聚合硫酸铁而被使用在污水处理中。但是壳聚糖在使用过程中会进入污泥从而对污泥的厌氧消化性能造成影响。

图 3-13 为不同剂量的壳聚糖对污泥厌氧消化累积产甲烷的影响，可以看见，当污泥中未添加壳聚糖时其甲烷产量为 (166.3±4.0)mL/g VS；当污泥中壳聚糖浓度为 4g/kg TSS 时，其对污泥的产甲烷性能并没有显著影响，然而当污泥中壳聚糖浓度达到 8g/kg TSS、16g/kg TSS、32g/kg TSS 时，其最大甲烷产量分别下降到 (154.3±4.0)mL/g VS、(139.5±3.8)mL/g VS、(115.8±3.5)mL/g VS，分别为对照组的 92.8%、83.9%、69.7%。因此可以得出结论：当污泥中壳聚糖浓度较低时不会对污泥厌氧消化产甲烷产生影响，但是当壳聚糖浓度达到一定值（8g/kg）时则会对污泥厌氧消化产甲烷产生抑制现象。

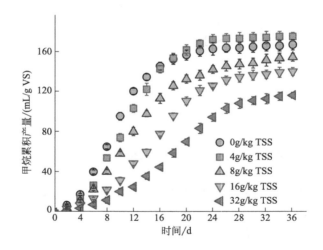

图 3-13　不同剂量壳聚糖对污泥厌氧消化累积产甲烷量的影响[29]

3.2.2.2　对污泥厌氧消化生化过程的影响

图 3-14 为含壳聚糖污泥厌氧消化过程中的 COD 质量平衡分析，可以看出固相中污泥中主要成分（如 VSS、可溶性蛋白和甲烷）随厌氧消化时间的延长而逐渐降低，同时伴随着生物气产量的提升。例如，随着反应的进行，

污泥厌氧消化过程中残余
絮凝剂影响及调控

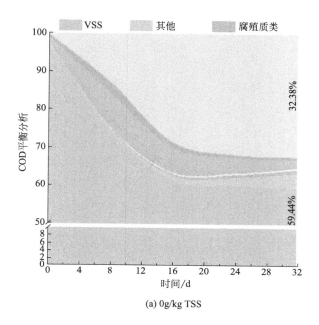

(a) 0g/kg TSS

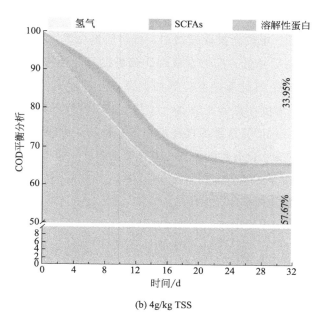

(b) 4g/kg TSS

图 3-14

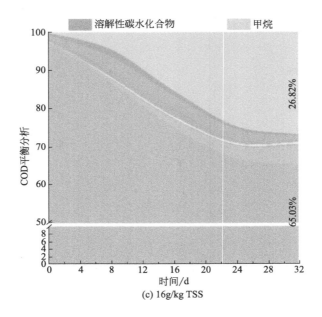

图 3-14　含不同浓度壳聚糖污泥厌氧消化时的 COD 平衡分析（书后另见彩图）

VSS 含量显著降低，甲烷含量逐渐增加。可溶性蛋白等主要消化中间体的浓度在时间内先升高后降低。虽然在添加壳聚糖的反应器中也有类似的趋势，但在具体成分分布上有显著差异。例如，第 8 天，对照组 VSS 的百分比为 74.1％，低于有壳聚糖存在的反应器（4g/kg TSS 为 77.5％，16g/kg TSS 为 86.8％），这一现象说明壳聚糖的存在抑制了有机物从固相向液相的转移。同时，可溶性蛋白和碳水化合物的比例在未含壳聚糖的反应器中分别为 5.5％ 和 2.9％，而在 4g/kg TSS 壳聚糖添加反应器中分别为 4.8％ 和 2.6％，在 16g/kg TSS 壳聚糖添加反应器中分别为 3.5％ 和 1.9％，这表明壳聚糖降低了生物可利用有机物在后续甲烷生产中的转化量。

参考文献

[1]　张玲，郑西来，佘宗莲，等 . FeCl$_3$ 及 AlCl$_3$ 对中温厌氧消化系统产生 H$_2$S 的抑制作用 [J] . 环境工程学报，2015，9（12）：5907-5914.

污泥厌氧消化过程中残余
絮凝剂影响及调控

［2］ Gossett J M, Mccarty P L. Anaerobic Digestion of Sludge from Chemical Treatment ［J］. Water Environment Federation, 1978, 50 (3): 533-542.

［3］ Lin L, Li R H, Yang Z Y, et al. Effect of coagulant on acidogenic fermentation of sludge from enhanced primary sedimentation for resource recovery: Comparison between FeCl$_3$ and PACl ［J］. Chemical Engineering Journal, 2017, 325: 681-689.

［4］ Yanxin W, Min L, Xuran L, et al. Insights into how poly aluminum chloride and poly ferric sulfate affect methane production from anaerobic digestion of waste activated sludge ［J］. Science of the Total Environment, 2021, 811: 151413.

［5］ Liu X R, Wu Y X, Xu Q X, et al. Mechanistic insights into the effect of poly ferric sulfate on anaerobic digestion of waste activated sludge ［J］. Water Research, 2021, 189: 116645.

［6］ Zhu S J, Chen H B. Unraveling the role of polyferric chloride in anaerobic digestion of waste activated sludge ［J］. Bioresource Technology, 2022, 346: 126620.

［7］ Zhu S, Chen H. Unraveling the role of polyferric chloride in anaerobic digestion of waste activated sludge ［J］. 2021.

［8］ Yu Z, Song Z, Wen X, et al. Using polyaluminum chloride and polyacrylamide to control membrane fouling in a cross-flow anaerobic membrane bioreactor ［J］. Journal of Membrane Science, 2015, 479: 20-27.

［9］ 杜昕睿, 刘传旸, 刘跃岭, 等. 絮凝剂对藻类后续厌氧消化过程的影响 ［J］. 安徽农业科学, 2017, 45 (09): 17-19, 22.

［10］ Chen Y, Wu Y, Wang D, et al. Understanding the mechanisms of how poly aluminium chloride inhibits short-chain fatty acids production from anaerobic fermentation of waste activated sludge ［J］. Chemical Engineering Journal, 2017, 334: 1351-1360.

［11］ Zeng Q, Zan F, Hao T, et al. Electrochemical pretreatment for stabilization of waste activated sludge: Simultaneously enhancing dewaterability, inactivating pathogens and mitigating hydrogen sulfide ［J］. Water Research, 2019, 166: 115035.

［12］ Liu Y, Zhang Y, Ni B J. Evaluating Enhanced Sulfate Reduction and Optimized Volatile Fatty Acids (VFA) Composition in Anaerobic Reactor by Fe(Ⅲ) Addition ［J］. Environmental Science & Technology, 2015, 49 (4): 2123-2131.

［13］ Lara, M Paulo, et al. Methanogens, sulphate and heavy metals: a complex system ［J］. Reviews in Environmental Science & Biotechnology, 2015, 14 (4): 537-553.

［14］ Wang D B, Liu X R, Zeng G M, et al. Understanding the impact of cationic polyacrylamide on anaerobic digestion of waste activated sludge ［J］. Water Research, 2018, 130: 281-290.

［15］ Jiao Y M, Chen H B. Polydimethyldiallylammonium chloride induces oxidative stress in anaerobic digestion of waste activated sludge ［J］. Bioresource Technology, 2022, 356.

［16］ Liu X, Xu Q, Wang D, et al. Unveiling the mechanisms of how cationic polyacrylamide affects short-chain fatty acids accumulation during long-term anaerobic fermentation of waste activated sludge ［J］. Water Research, 2019, 155 (MAY 15): 142-151.

[17]　刘旭冉. 聚丙烯酰胺对剩余污泥厌氧消化过程影响行为的解析与调控 [D]. 长沙：湖南大学，2019.

[18]　张博. 超声耦合碱解预处理促进高固污泥厌氧消化的工艺特性研究 [D]. 天津：天津大学，2017.

[19]　李雪. 微生物法预处理污泥厌氧消化过程性能优化研究 [D]. 北京：中国农业大学，2015.

[20]　Liu Y, Wang Q, Zhang Y, et al. Zero Valent Iron Significantly Enhances Methane Production from Waste Activated Sludge by Improving Biochemical Methane Potential Rather Than Hydrolysis Rate [J]. Scientific Reports, 2015, 5：8263.

[21]　Xue Y, Liu H, Chen S, et al. Effects of thermal hydrolysis on organic matter solubilization and anaerobic digestion of high solid sludge [J]. Chemical Engineering Journal, 2015, 264：174-180.

[22]　雷彩虹，孙颖，杨英. 絮凝剂聚丙烯酰胺对高固体污泥厌氧消化的影响 [J]. 工业安全与环保，2018, 44（01）：24-26.

[23]　Kim J, Yu Y, Lee C. Thermo-alkaline pretreatment of waste activated sludge at low-temperatures：Effects on sludge disintegration, methane production, and methanogen community structure [J]. Bioresource Technology, 2013, 144：194-201.

[24]　Vinay, Kumar, Tyagishang-lien, et al. Application of physico-chemical pretreatment methods to enhance the sludge disintegration and subsequent anaerobic digestion：an up to date review [J]. Reviews in Environmental Science & Biotechnology, 2011, 10（3）：215-242.

[25]　郭海刚. 脱水剩余污泥热碱预处理及其固态厌氧消化规律研究 [D]. 天津：天津大学，2016.

[26]　Liu X, Xu Q, Wang D, et al. Thermal-alkaline pretreatment of polyacrylamide flocculated waste activated sludge：Process optimization and effects on anaerobic digestion and polyacrylamide degradation [J]. Bioresource Technology, 2019, 281：158-167.

[27]　陈泓，王雯，严湖，等. 氨氮对有机废弃物厌氧消化的影响及调控策略 [J]. 环境科学与技术，2016, 39（09）：88-95.

[28]　詹瑜，施万胜，赵明星，等. 高含固污泥厌氧消化中蛋白质转化规律 [J]. 环境科学，2018, 39（06）：2778-2785.

[29]　Liu X, Du M, Lu Q, et al. How Does Chitosan Affect Methane Production in Anaerobic Digestion? [J]. Environmental Science & Technology, 2021, 55（23）：15843-15852.

第4章
絮凝剂对污泥厌氧消化的
影响机理

- 无机絮凝剂对污泥厌氧消化的影响机理
- 有机絮凝剂对污泥厌氧消化的影响机理

絮凝剂种类和结构的多样性，一方面使得其对污泥厌氧消化过程的影响有差异；另一方面，其影响机理也各不相同。例如，在无机絮凝剂中，低分子絮凝剂结构简单，其水解产物受环境因素影响大；高分子絮凝剂因为预水解，其聚合度高，絮凝效应更强，受环境影响相对较小。对于有机絮凝剂，人工絮凝剂应用范围广，但是其单体如 PAM 降解后生成的 AM 可能对微生物存在一定毒理效应，天然絮凝剂性质不如人工合成絮凝剂稳定，易降解，但是无论其本身还是降解产物均不对微生物造成毒害作用。同时，有机絮凝剂在厌氧消化过程中还可充当一部分碳源，用来作为产甲烷的基质。如上所述，不同絮凝剂对污泥厌氧消化的影响机理也各不相同，需要分开来讨论。

4.1 无机絮凝剂对污泥厌氧消化的影响机理

4.1.1 污泥厌氧消化累积产甲烷的动力学模拟

4.1.1.1 Gompertz 模型

污泥厌氧消化过程，可以采用模型进行拟合，用以观察絮凝剂对污泥厌氧产甲烷过程中各动力学参数的影响，常用的拟合方程如公式（4-1）所示：

$$M = M_m \times \exp\left\{-\exp\left[\frac{R_m \times e}{M_m}(\lambda - t) + 1\right]\right\} \tag{4-1}$$

式中 M_m——最大产甲烷潜力，L/kg VS；

R_m——产甲烷速率，L/（kg VS·d）；

λ——产甲烷迟滞时间，d；

t——厌氧消化时间，d。

通过此改进后的 Gompertz 方程式进行甲烷产量的拟合，可以看出不同浓度絮凝剂添加时，最大产甲烷潜力，产甲烷速率以及产甲烷迟滞时间的大小，因而更能深入地观察不同絮凝剂对厌氧消化过程的影响。

4.1.1.2 一级动力学模型

当厌氧消化反应器中微生物适应良好，无迟滞时间时，其厌氧消化产甲烷过程适应于一级动力学拟合，拟合方程如下公式：

$$B_t = B_0(1 - e^{-kt}) \tag{4-2}$$

式中　B_t——厌氧消化第 t 天的累积产甲烷量，mL/g VSS；

　　　B_0——污泥产甲烷潜力，mL/g VSS；

　　　k——污泥的水解速率，d^{-1}。

4.1.1.3　动力学模型拟合结果

图 4-1 为含不同浓度 PFS 和 PAC 污泥厌氧消化产甲烷数据进行 Gompertz 拟合和一级动力学拟合后的图像，以及动力学参数之间的相关关系。当反应器中存在 0g/kg TS、5g/kg TS、10g/kg TS、20g/kg TS 和 40g/kg TS 时，使用修饰后的 Gompertz 模型对产甲烷数据进行拟合［图 4-1(a)］，所有反应器拟合情况良好（$R^2 > 0.96$）。总体而言，M_m 和 R_m 随 PFS 水平的升高呈指数下降，而 λ 呈相反趋势。例如，模型拟合结果表明污泥厌氧消化最大产甲烷潜力与反应器中的 PFS 浓度呈现出负相关关系（$Y = 152.14 - 3.15X + 0.04X^2$，$R^2 = 0.9963$）。据文献报道，$R_m$ 与产甲烷活性直接相关，而 λ 则与消化器的启动快慢有关，两者都取决于微生物在分批培养中对合适底物和环境条件的驯化时间[3]。因此，可以得出结论：PFS 的存在导致了污泥特性和/或消化系统条件的变化（例如溶解率、可溶性有机组分、絮团大小等）。上述结果表明，PFS 的存在不仅降低了最大产甲烷潜力，而且抑制了甲烷产生速率，延长了反应器的启动时间。

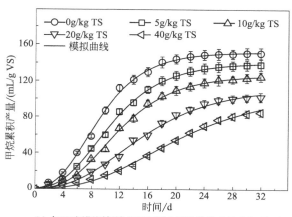

(a)含PFS污泥厌氧消化反应器中甲烷累积产量动力学拟合

图 4-1

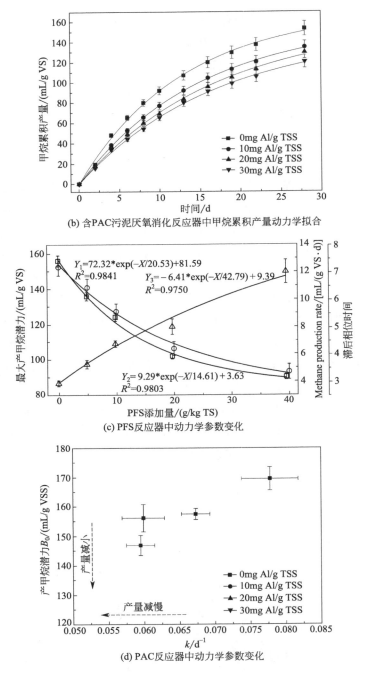

(b) 含PAC污泥厌氧消化反应器中甲烷累积产量动力学拟合

$Y_1=72.32*\exp(-X/20.53)+81.59$
$R^2=0.9841$

$Y_3=-6.41*\exp(-X/42.79)+9.39$
$R^2=0.9750$

$Y_2=9.29*\exp(-X/14.61)+3.63$
$R^2=0.9803$

(c) PFS反应器中动力学参数变化

(d) PAC反应器中动力学参数变化

图 4-1 含无机絮凝剂 PFS、PAC 污泥厌氧消化反应器中甲烷累积产量
的动力学拟合及 PFS、PAC (d)反应器中动力学参数变化情况 [1, 2]

图 4-1(b) 为扣除接种污泥的产甲烷量后，不同剂量 PAC 浓度对污泥厌氧产甲烷的影响，并采用一级动力学模型进行拟合。从图中可以看出，PAC 的存在，会对污泥厌氧产甲烷的过程造成不同程度的抑制，且浓度越高，抑制效果越强。图 4-1(d) 为一级动力学模型对累积甲烷产量数据拟合的相关参数，可以得到产甲烷过程的两个动力学参数，即水解速率 k 和产甲烷潜力 B_0。其相关关系如图 4-1(d) 所示，从图中我们可以发现随着 PAC 浓度升高，水解速率越慢，产甲烷潜力越低；且不同 PAC 浓度对水解速率和产甲烷潜力也有不同程度的影响。结果表明，当 PAC 浓度增加，产甲烷潜力和水解速率均呈现线性降低，当 PAC 浓度从 0mg Al/g TSS 分别上升到 10mg Al/g TSS、20mg Al/g TSS 和 30mg Al/g TSS 时，污泥产甲烷潜力从 （169.47±3.94）mL/g VSS 降低到 （157.42±1.89）mL/g VSS、（156.11±4.61）mL/g VSS 和 （146.90±3.35）mL/g VSS。水解速率从 （0.078±0.004）/d 降低到 （0.067±0.002）/d、（0.060±0.003）/d 和 （0.060±0.002）/d。这些结果表明，污泥厌氧产甲烷的过程中，PAC 的存在不仅降低了 PAC 絮凝污泥的产甲烷潜力，而且降低其水解效率。

4.1.2 对中间生化过程的影响

（1）溶出

采用污泥作为污泥厌氧消化的基质时，由于污泥中大部分有机物呈固态分布，微生物无法利用，因此在厌氧消化之前有机物需要先溶于液相之中。有文献指出，在以污泥为基质的厌氧消化系统中，有机质溶出是整个消化反应的限速阶段，因此溶出速率的快慢对溶解性糖厌氧消化性能影响巨大。

图 4-2(a) 为经过 90℃、30min 热预处理后，不同 PAC 浓度污泥溶解性糖/蛋白质的质量占总糖/总蛋白质的比例。从图中可以看出，PAC 浓度从 0 上升至 40mg Al/g TSS 时，溶解性糖占总糖的比例由 （5.43±0.19)％ 降至 （2.27±0.07)％，可溶性蛋白占总蛋白的比例由 （8.21±0.29)％ 降至 （5.53±0.18)％。这些数据还可以进一步由 VSS 降解量来验证，VSS 的降解率也广泛用于表示污泥的溶解度，VSS 降解率越高，污泥的溶出作用越强。图 4-2(b) 为预处理后 VSS 的降解率，实验结果表明，高 PAC 浓度的污泥 VSS 降解率远低于低 PAC 浓度或者无 PAC 添加的污泥。例如，在不添加 PAC 的污泥中 VSS 的降解率为 （7.30±0.31)％，而在添加了 40mg Al/g TSS

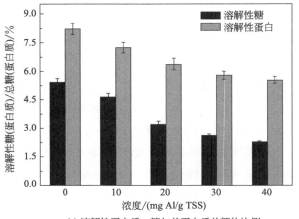

(a) 溶解性蛋白质、糖与总蛋白质总糖的比例

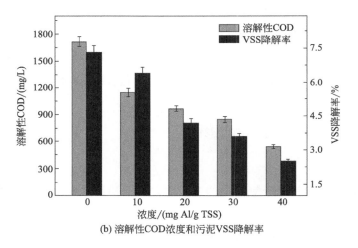

(b) 溶解性COD浓度和污泥VSS降解率

图 4-2 不同浓度 PAC 反应器中溶解性蛋白质、糖与总蛋白质总糖
的比例和溶解性 COD 浓度和污泥 VSS 降解率[4]

的污泥中，VSS 的降低率仅为（2.52±0.09）％。同时，结果表明，在 PAC 添加量较高的污泥中可溶性 COD 较低。这些结果表明，污泥中 PAC 的存在抑制了污泥的溶出阶段，这是 PAC 抑制厌氧消化产甲烷的主要原因之一。

如图 4-3(a) 所示，在含有 PFS 的反应器中液相中溶解性的糖和蛋白质均有显著降低。在 20g/kg TS 反应器中，溶解性糖和蛋白质的浓度分别为 534.2mgCOD/L 和 121.7mgCOD/L，仅为空白反应器的 66.6％ 和 69.5％，说明反应器中 PFS 的存在能够抑制污泥溶出过程。这也能进一步以 VSS 的

污泥厌氧消化过程中残余
絮凝剂影响及调控

降解情况来说明［图 4-3（b）］，在 3d 厌氧消化后，含有 40g/kg TS PFS 的反应器 VSS 的降解率为 7.3％，与之相对的空白反应器中 VSS 降解率为 13.2％。实验结果表明，在更高浓度的 PFS 存在情况下，污泥有更低的溶出速率，导致可供微生物利用的有机底物更少。

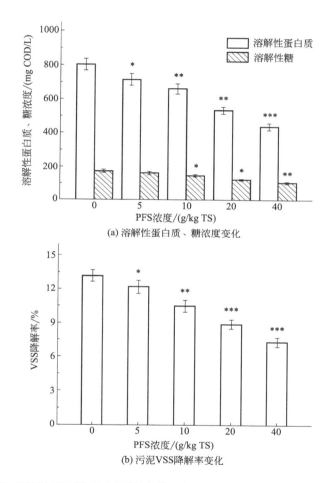

(a) 溶解性蛋白质、糖浓度变化

(b) 污泥VSS降解率变化

图 4-3 不同浓度 PFS 反应器中溶解性蛋白质、糖浓度和污泥 VSS 减量情况

PFC 絮凝剂也有类似规律，文献表明，PFC 能严重降低反应开始阶段液相中有机物浓度[5]。例如与空白反应器相比，40g/kg TSS PFC 使得液相中溶出 COD 为空白反应器的 34.5％，造成了严重抑制。然而，研究指出，传统的低分子铁系絮凝剂氯化铁对于污泥有机物的溶出无明显影响，当铁浓度在 10-30mg Fe/L 时，含氯化铁的厌氧消化反应器水解常数 K 值在

0.0491～0.0467 的范围内波动[6]。这一结论与第 3 章相关絮凝剂对污泥厌氧消化的宏观影响相吻合。

以上结果表明,无机低分子絮凝剂尤其是铁系絮凝剂,对厌氧消化反应过程中有机物的溶出抑制较弱,但是高分子絮凝剂无论金属盐种类均对溶出过程产生了较为严重的抑制。

(2) 水解、酸化和甲烷化

污泥溶解后,溶出的有机质在厌氧条件下将经过水解、酸化和产甲烷过程。这几个过程均和最终甲烷产量息息相关。为了评价絮凝剂对此 3 个中间过程的影响,一般使用含有牛血清蛋白和葡聚糖的合成废水作为水解底物,含有 L-丙氨酸和葡萄糖的合成废水作为酸化底物,采用乙酸作为产甲烷合成废水的基质。

以 PAC 为例,表 4-1 为配水实验过程中不同浓度 PAC 消化反应器中各有机底物的降解情况。从表中可以看出,污泥中 PAC 的存在大大降低了 BSA 和葡聚糖的降解率,对水解过程有抑制作用。例如,在空白的水解反应器中 BSA 降解率为 (11.4±0.3)%,在添加 10mg Al/g TSS、20mg Al/g TSS 和 30mg Al/g TSS PAC 的反应器中,其降解率分别为 (8.8±0.5)%、(6.8±0.1)% 和 (4.5±0.1)%;葡聚糖的降解率分别 (96.1±3.1)%、(62.8±0.9)%、(23.9±0.7)% 和 (8.5±0.6)%。PAC 对酸化过程的影响也和水解过程一致。例如,与空白反应器相比,任何浓度的 PAC 都抑制 L-氨基酸和葡萄糖的降解。PAC 的存在也抑制了甲烷化的乙酸降解过程。当污泥中 PAC 含量从 0 增加到 30mg Al/g TSS 时,在第 3 天甲烷产量从 (6.6±0.2)mL 降低到 (1.9±0.2)mL,这也表明产甲烷过程也受到了 PAC 的抑制。以上结果表明,PAC 的加入严重地抑制了厌氧消化中的水解、酸化和甲烷化过程,这也是污泥厌氧反应器 PAC 降低甲烷产量的原因之一。

表 4-1　第 3d 时 PAC 对模型有机物降解以及甲烷产生的影响[4]

PAC 浓度 /(mg Al/g TSS)	水解		产酸		产甲烷
	蛋白质降解率/%	葡聚糖降解率/%	L-丙氨酸降解率/%	葡萄糖降解率/%	甲烷产量/mL
0	11.4±0.3	96.1±3.1	14.1±1.3	97.4±3.8	6.6±0.2
10	8.8±0.5	62.8±0.9	11.3±0.9	93.4±3.2	2.8±0.2
20	6.8±0.1	23.9±0.7	8.5±0.4	84±2.6	2.3±0.2
30	4.5±0.1	8.5±0.6	5.3±0.5	71.6±1.8	1.9±0.2

图 4-4 显示了在无机高分子絮凝剂 PFS 存在的条件下，厌氧过程模型底物的降解速率［单位为 g/(L·d)或 L/(L·d)］。从图上可以看出蛋白质、

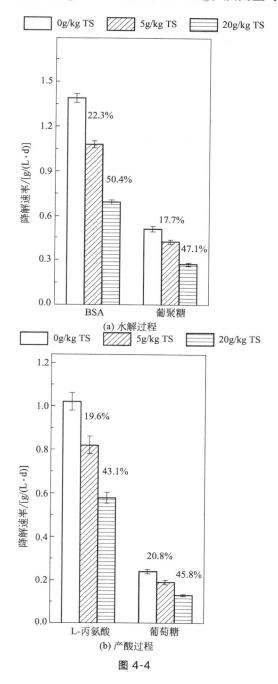

图 4-4

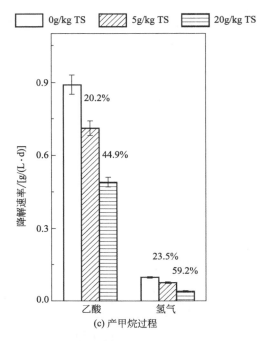

图 4-4　PFS 对厌氧消化中模型底物降解速率的影响 [2]

葡聚糖、L-丙氨酸、葡萄糖、乙酸以及氢气降解速率在空白反应器中分别是 1.39L/(L·d)、0.51L/(L·d)、1.02L/(L·d)、0.24L/(L·d)、0.89g/(L·d) 及 0.089L/(L·d)，降解速率分别是空白反应器的 49.6%、52.9%、56.9%、54.2%、55.1% 和 40.8%。这意味着在有 PFS 存在的条件下，污泥厌氧消化过程中的水解、酸化以及产甲烷阶段均受到抑制。

因此可以看出，PAC 和 PFS 絮凝剂对污泥厌氧消化过程中的中间生化过程均有不同程度的抑制作用，且浓度越高，抑制效应越明显。

4.1.3　对胞外聚合物组成的影响

EPS 是污泥中的关键物质，主要分为溶解性 EPS（S-EPS）、松散型 EPS（L-EPS）和紧密型 EPS（T-EPS），其主要功能之一是保护细胞不受有害环境的影响，因此对污泥的溶出有较大影响 [7]。而污泥中絮凝剂的存在可能会引起 EPS 的变化，因此也有研究者对絮凝剂与 EPS 的相互联系做了相关研究。研究指出，污泥预处理后，含有 30mg Al/g TSS PAC 的反应器中，污泥中蛋白质和糖在 L-EPS 和 T-EPS 中的含量均高于空白反应器的污泥[4]。可以得出，PAC 的存在可以将更多的有机物束缚在 EPS 中，从而阻止 EPS 中有机质的溶出，这与上述 PAC 能够抑制污泥溶出阶段的结论相互印证。

图 4-5 是根据不同浓度 PAC 中污泥提取的 EPS 所绘制的 EEM 荧光光谱图。

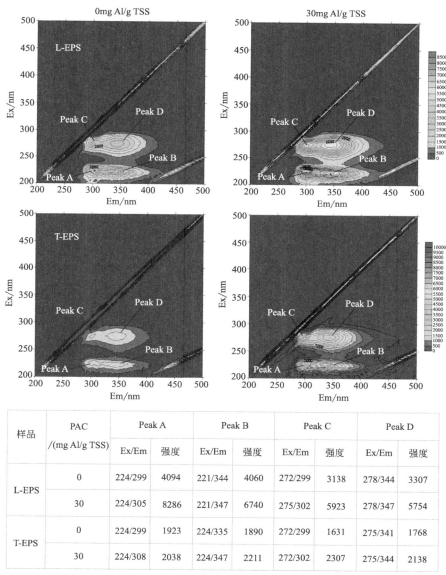

样品	PAC /(mg Al/g TSS)	Peak A		Peak B		Peak C		Peak D	
		Ex/Em	强度	Ex/Em	强度	Ex/Em	强度	Ex/Em	强度
L-EPS	0	224/299	4094	221/344	4060	272/299	3138	278/344	3307
	30	224/305	8286	221/347	6740	275/302	5923	278/347	5754
T-EPS	0	224/299	1923	224/335	1890	272/299	1631	275/341	1768
	30	224/308	2038	224/347	2211	272/302	2307	275/344	2138

图 4-5　污泥热预处理后空白污泥和 PAC 污泥各 EPS 部分
(L-EPS，T-EPS)的三维荧光光谱比较 (书后另见彩图)

如图 4-5 所示，在添加 0mg Al/g TSS PAC 和 30mg Al/g TSS PAC 的污泥中提取的各类胞外聚合物荧光光谱中，分别识别出 4 个主峰（A 峰、B 峰、C 峰和 D 峰）。A 峰和 B 峰的激发波长/发射波长（Ex/Em）分别为 224nm/(299～308)nm 和 221/224nm/(335～347)nm，属于酪氨酸等简单芳香蛋白。C 峰位于 Ex/Em 的 272～275/(299～302)nm 处，与色氨酸蛋白样物质有关，D 峰在 (275～278)nm/(341～347)nm 处，可被鉴定为可溶性微生物代谢物质，如色氨酸样物质，C 峰和 D 峰是典型的可生化利用有机质[8]。据报道，荧光峰位置位移和荧光强度的变化可以用来指示 EPS 结构和含量的变化[8]。一般来说，波长增长为红移，波长变短为蓝移。文献表明，红移发生表示羰基、羟基和烷氧基的增加，蓝移代表特定官能团的消失如羰基、羟基和胺，以及芳香环链结构和共轭键的减少。此外，EEM 图上特征峰的荧光强度与荧光团的浓度有良好的关系[9]。与空白反应器比较，30mg Al/g TSS PAC 的添加不仅会引起 EPS 中荧光峰的红移，而且会使荧光强度增加。可以看出，PAC 的加入导致 L-EPS 和 T-EPS 的三维荧光图谱中 A、B、C、D 峰的发射波长红移 3～12nm。结果表明，添加 PAC 的样品中 4 个峰的荧光强度都比未添加 PAC 的样品高得多，说明含有 PAC 的污泥比不添加 PAC 的污泥对 EPS 的持有力更强，因此阻碍污泥溶出。这个结果表明，PAC 的存在能够使污泥中的 EPS 含量增加，为污泥絮体提供更好的保护。因此，在随后的水解和产酸过程中，可溶性底物的释放量减少。

与 PAC 有所不同的是，从图 4-6 可以看出，随着 PFC 含量的增加，降低 L-EPS 和 S-EPS 中糖和蛋白质的含量，但是增加了 T-EPS 的含量。意味着 PFC 的存在，阻止了糖和蛋白质等有机物从 T-EPS 向 L-EPS 和 S-EPS 的迁移转换，这可能是由于絮凝剂的存在使得传质阻力增加引起。

从上述结论可以看出，无论是何种无机高分子絮凝剂，其对 S-EPS、L-EPS 以及 T-EPS 三部分的影响可以概括为阻止了有机物从内向外的传递过程。

4.1.4 对厌氧消化系统关键酶活性的影响

厌氧消化过程中甲烷的产生主要归因于生物效应，而关键酶活性的测定是评价微生物细胞活性的一种方法。在这些酶里面，protease 具有水解蛋

污泥厌氧消化过程中残余
絮凝剂影响及调控

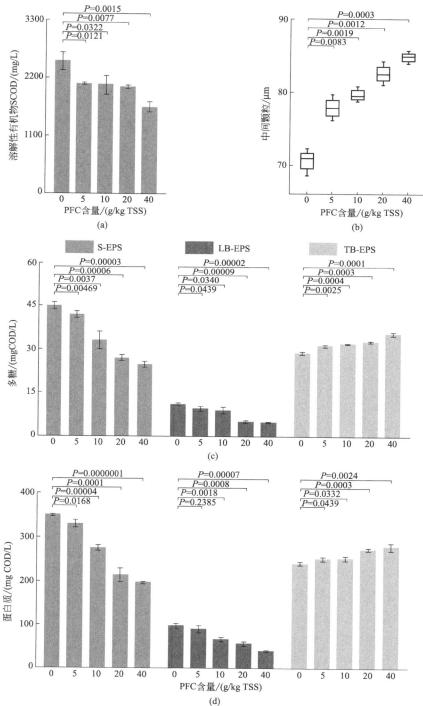

图 4-6　污泥厌氧消化过程中不同浓度 PFC 对 EPS 的影响[5]

白质的功能，AK 和 OAATC 分别是产生乙酸和丙酸的关键酶，辅酶 F420
是产甲烷的关键酶。图 4-7 显示，添加 30mg Al/g TSS PAC 污泥的厌氧消
化反应器中蛋白酶、AK、OAATC 和辅酶 F420 活性均低于未添加 PAC 污
泥的反应器[4]。类似的实验现象在其他研究中也有体现[10]。

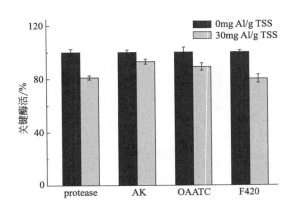

图 4-7 PAC 添加对产甲烷相关微生物酶活性的影响

4.1.5 无机絮凝剂成分与演变产物的影响贡献识别

4.1.5.1 絮凝作用

由于絮凝效应引起的絮凝剂对厌氧消化的影响，一直是众多相关研究
中重点关注的视角，在无机絮凝剂种，由于种类不同，引起的絮凝效果也
不尽相同。如图 4-8 所示，在污泥厌氧过程中，三价铁在还原条件下，在铁
还原菌的作用下被还原成二价铁，絮凝效应减弱，从而使得已经被絮凝的
有机物重新变得松散。不同于铁絮凝剂，在整个厌氧过程中，铝离子价态
不会发生变化，因为絮体的稳定度大于铁絮凝剂，从而使得含铁絮凝剂对
有机物溶出以及传质阻力都要大于铁絮凝剂[1]。

厌氧过程中无机絮凝剂由于絮凝作用产生的影响其相似的结论也在其
他研究中被提出，如图 4-9 所示 PAC 和 PFS 对污泥厌氧消化过程的潜在影
响（书后另见彩图），随着厌氧消化反应的进行，由 PAC 产生的絮体相对比
较稳定，随着厌氧消化反应的进行，含铝絮凝剂（PAC）对有机物的溶出
和水解的抑制并没有减轻的趋势，但含有 PFS 的厌氧消化反应器中，随着
反应的进行，三价铁被还原成二价铁，导致絮体结构松散，从而在一定程

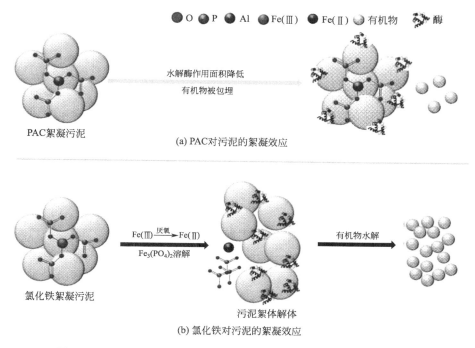

(a) PAC对污泥的絮凝效应

(b) 氯化铁对污泥的絮凝效应

图 4-8　无机絮凝剂 FeCl₃ 和 PAC 对污泥的絮凝效应[6]　(书后另见彩图)

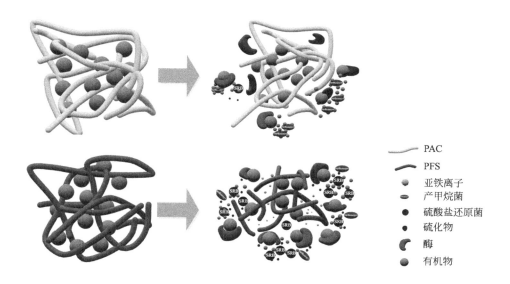

图 4-9　污泥厌氧消化过程中 PAC 和 PFS 的潜在影响　(书后另见彩图)

度上减缓了在反应初期由于 PFS 絮凝作用产生抑制[1]。

　　关于含铁絮凝剂絮凝性以及其对厌氧消化抑制性的产生，有学者从不同角度进行阐述。Liu 等把 PFS 在厌氧消化系统中的成分分为三个组成部分，分别为羟基聚合物、铁离子以及硫酸根离子，不同的成分对厌氧消化的影响会有所不同，因此设计实验判断它们不同成分对厌氧消化过程的不同影响（图 4-10)[11]。实验采用硫酸钾指代 PFS 中的硫酸根，氯化铁指代 PFS 中的铁元素。其中硫酸钾显示出 17.5% 的产甲烷抑制，这主要由于硫酸根能够富集硫酸盐还原菌，一方面与产甲烷菌竞争有机基质；另一方面，产物硫化氢能够对厌氧微生物产生毒理作用。添加相同剂量的硫酸铁也导致了 11.1% 的产甲烷抑制，这可能是由于铁浓度并不足以使得所有硫元素沉淀。使用氯化铁指代 PFS 中的铁元素，随着氯化铁的添加，甲烷累积产量相对于空白增加了 17.6%，这可能是由于两个方面的原因：a. 铁离子是微生物细胞的有效组分；b. 能加速水解酸化过程，因此提升可降解有机物的产生。相比聚合硫酸铁 PFS 对产甲烷的抑制（32.0%），低分子絮凝剂硫酸铁对厌氧产甲烷的抑制（11.1%）度更小，这个差距可能是由于羟基聚合物引起絮凝效果造成的。PFS 对污泥的絮凝效果可以使得微生物和基质之间的传质阻力增加，因此对厌氧消化过程产生抑制作用。

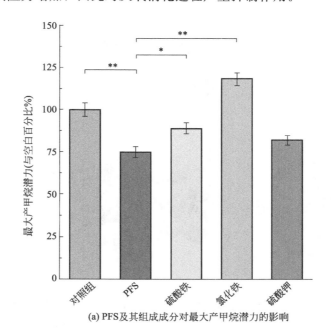

(a) PFS及其组成成分对最大产甲烷潜力的影响

污泥厌氧消化过程中残余
絮凝剂影响及调控

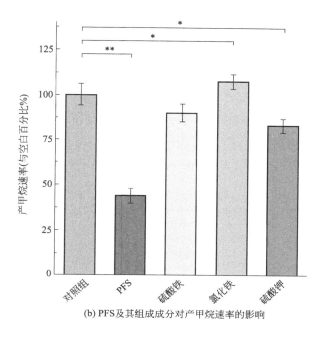

(b) PFS及其组成成分对产甲烷速率的影响

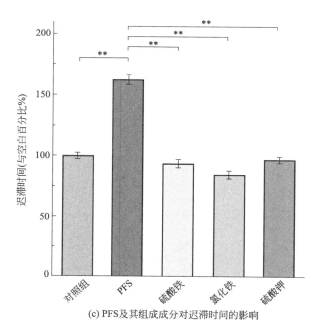

(c) PFS及其组成成分对迟滞时间的影响

图4-10　PFS以及它的组成成分对最大产甲烷潜力、产甲烷速率以及迟滞时间的影响

絮凝剂的絮凝效应也反映在污泥粒径的大小上面。图 4-11(a) 反映了不同浓度 PFS 反应器中污泥粒径随絮凝剂浓度变化示意图，从图上可以看出，空白污泥的中间粒径为 $34.7\mu m$，含有 20 g PFS/kg TS 污泥的中间粒径为 $58.3\mu m$，这意味着随着 PFS 的加入，消化反应器中物理卷扫团聚效应增强。图 4-11(b) 展示了空白污泥和含有 30mg Al/g TSS 的 PAC 污泥在第 0 天时的粒径分布。可以看出，添加 PAC 的污泥粒径大于不添加 PAC 的污泥粒径。空白污泥的 $d(0.5)$ 为 $31\mu m$，含有 PAC 的污泥为 $37.8\mu m$，相对于空白污泥，粒径提升率为 17.99%。PAC 的存在有利于污泥絮凝体的聚

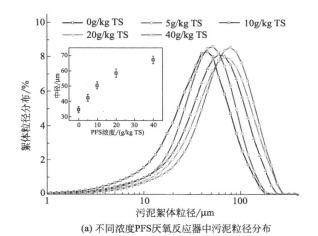

(a) 不同浓度PFS厌氧反应器中污泥粒径分布

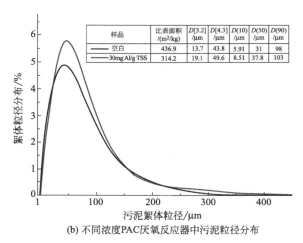

(b) 不同浓度PAC厌氧反应器中污泥粒径分布

图 4-11 不同浓度 PFS 和 PAC 厌氧反应器中污泥粒径分布[2, 4] (书后另见彩图)

污泥厌氧消化过程中残余
絮凝剂影响及调控

集，导致其在溶出水解过程的传质阻力受到影响。溶出作为污泥厌氧消化的主要限速步骤，对污泥消化产甲烷过程有较大的抑制作用。

4.1.5.2 改变环境 pH 值

图 4-12(a) 为添加不同浓度 PAC 时发酵反应器中 pH 值的变化。可以看出，在反应初始阶段，由于絮凝剂水解会消耗氢氧根离子，所以 PAC 的加入降低了 pH 值，且加入量越多，pH 值下降幅度越大。在没有添加 PAC 的消化反应器中，pH 值的范围在 6.09～6.80 内波动，而在加入了 PAC 的

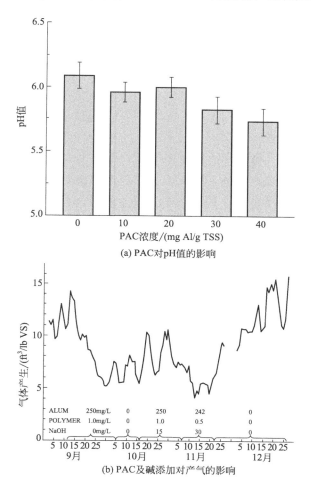

(a) PAC对pH值的影响

(b) PAC及碱添加对产气的影响

图 4-12　PAC 对污泥厌氧消化过程 pH 值的影响，长期半连续
反应过程 PAC 及碱添加对产气的影响 [4, 12]

反应器中，40mg Al/g TSS 消化反应器中 pH 值范围在 5.60~6.42 之间。在本书最开始我们已经知道，产甲烷菌对环境 pH 值的变化很敏感，最优产甲烷环境在 pH 值为 6.8~7.2，因此絮凝剂的加入引起 pH 值波动，也是影响污泥厌氧消化的重要原因之一。

图 4-12(b) 是一个以污泥为基质的长期半连续反应器，反映了产气量随铝絮凝剂剂量变化以及碱添加情况变化的示意图（1ft^3 = 0.02832m^3，1lb = 0.4536kg，下同）。从图中可以看出，当反应器达到稳定后，在反应伊始，加入 250mg/L 铝，产气量被严重抑制，但是在第二个反应阶段，加入 15mg/L 氢氧化钠用以调节环境 pH 值后产气量得到恢复，此结果同样支持无机絮凝剂对污泥厌氧消化的影响部分来源于药剂本身对环境 pH 值的改变这一结论。

4.1.5.3　水解产物的影响

（1）水解聚合物

我们知道，于无机高分子絮凝剂而言，主要由金属离子的水解产物发挥絮凝效应，而水解产物链长以及聚合度的大小会对该絮凝剂的絮凝效果造成重大影响。在厌氧消化反应器中，由絮凝作用引起的传质阻力，会严重影响微生物以及生物酶跟基质的接触。因此，无机絮凝剂中，水解产物聚合度的不同对污泥厌氧消化中产气量的影响也会有显著差异。以聚合氯化铝为例，PAC 的水解产物根据聚合度的不同能划分为 Ala、Alb 和 Alc 三种，这些不同的铝水解产物可能对污泥消化过程有不同的影响。短链脂肪酸作为厌氧产甲烷过程中的重要中间产物，在不同的水解产物存在条件下其表现各不相同。如图 4-13 所示，厌氧消化中间产物短链脂肪酸产量与 Ala 关联度不大，说明 Ala 不是 SCFAs 产量下降的主要原因。Alb 和 Alc 含量与 SCFAs 产量呈负相关，更高浓度的 Alb 或者 Alc 存在时会有更低的脂肪酸产量。相比 Alb，Alc 与脂肪酸产量的相关系数更高（$R_1^2 = 0.5132$，$R_2^2 = 0.098$）。并由此推断，污泥厌氧过程中，电中和吸附形成较大的絮凝体是导致污泥厌氧消化效率下降的重要原因，这将严重影响厌氧消化过程中底物的可利用性。

（2）阳离子

无机絮凝剂的水解产物，除了聚合度不同之外，电离出的游离态离子

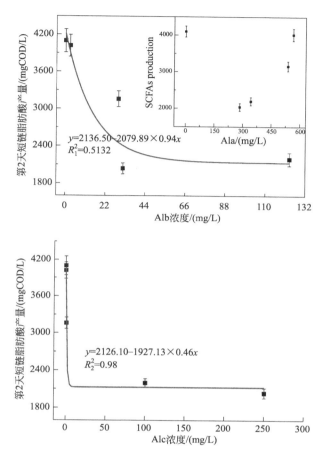

图 4-13　短链脂肪酸产量与 Ala、Alb 以及 Alc 浓度的关系[4]

也不尽相同，例如阳离子可以分为铝离子和铁离子，阴离子常见的有氯离子和硫酸根离子，由于其化学性质各不一样，对污泥厌氧消化产生的影响也各不相同。例如，部分微生物酶含有铁元素，当 PAC 存在于厌氧消化系统中时大量的铝离子不可避免地被释放出来。由于铝和铁有许多共同的物理化学特征，铁元素很容易被铝取代，尤其是在铝大量存在的环境中，此现象更为明显。一方面，铝取代铁会导致氧化环境的产生，游离铁可以在生物环境中通过芬顿反应产生多种活性氧，从而引发多种细胞功能障碍；另一方面，酶蛋白暴露于 Al 环境中会导致 Fe-S 簇完整性的丢失。因此，Al经常被观察到导致 Fe 功能的失调，丧失其稳态，从而阻碍铁基蛋白或者含铁酶有效地发挥作用[13-17]（图 4-14）。

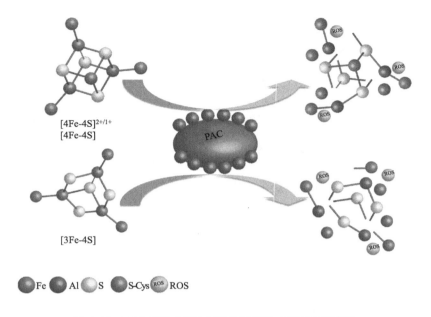

[4Fe-4S]²⁺/¹⁺
[4Fe-4S]

[3Fe-4S]

Fe Al S S-Cys ROS

图 4-14 PAC 影响含铁酶活性机理示意（书后另见彩图）

与 PAC 相对应的是，当铁系无机絮凝剂存在与厌氧消化反应器中时会
有大量铁离子在溶液中游离，从而参与进厌氧消化反应中。一方面在厌氧
条件下，三价铁离子可以被微生物还原成二价铁离子，絮凝性能削弱，对
传质阻力有减弱作用；另一方面铁离子可以作为厌氧过程的电子受体（图
4-15）。具体描述如下：铁还原过程在热力学上优于产甲烷过程，因此会和
产甲烷菌争夺电子，从而对产甲烷过程造成一定程度的抑制[18]。产甲烷过
程主要包括有乙酸产甲烷和同型产甲烷，分别使用乙酸和氢气/二氧化碳作
为底物基质，在以上两个途径中这两种基质可以被转化为 $CH_3 \cdot S \cdot CoM$，
最终以 HS-HTP 和 [CO] 为电子供体转化为甲烷[19]。然而，三价铁能与
之产生竞争作用产生二价铁。因此，虽然铁还原过程能够促进水解酸化，
产生更多的基质供给产甲烷菌使用，但是铁还原过程对电子的竞争，抑制
了甲烷的生成[20]。

（3）阴离子

在无机絮凝剂种，常见的阴离子有两类：一类是氯离子；另一类是硫
酸根离子。根据文献报道，氯离子对厌氧反应器的影响主要体现在渗透压

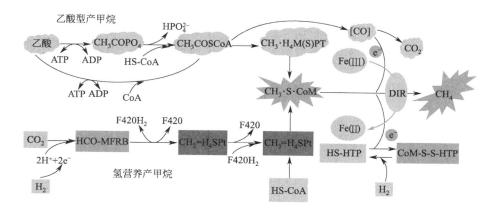

图 4-15　铁对产甲烷代谢过程的影响[5]

的改变，硫酸根离子一方面由于其自身可以作为硫酸盐还原过程的电子受体，其硫酸盐还原过程可以和产甲烷菌争夺碳源基质，形成竞争作用；另一方面硫化氢作为产物由于其毒害作用可以对产甲烷菌产生一定的抑制作用（图 4-16）。因此，不同无机絮凝剂中由于其阴离子的不同，对厌氧消化过程的影响也会有所不同。

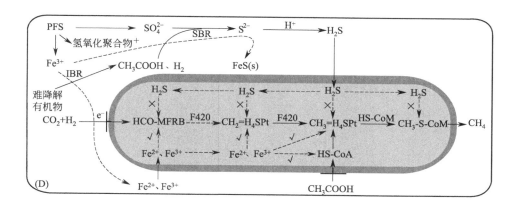

图 4-16　PFS 组分对厌氧消化过程的潜在影响

4.1.5.4　改变有机质理化性质

文献研究表明，絮凝剂会与污泥中某些有机物质的官能团发生反应，从而影响有机基质的可利用性。作为污泥厌氧产甲烷的重要基质之一，蛋白质在污泥中占比高。从图 4-17 红外光谱图中可以看出，中心点位于 $3305cm^{-1}$ 的基团为 BSA 中的仲胺 N-H 键伸缩性振动特征吸收峰，与 PAC 结合后该中心点移至 $3415.8cm^{-1}$，这说明 PAC 的存在使得仲胺 N—H 键伸缩性振动需要更多的能量，BSA 与 PAC 结合后 N—H 键变得更加稳定，这可能是由于分子间静电作用导致的[21]。类似的，中心点位于 $1450.4cm^{-1}$ 的吸收峰处于区间 $1430\sim1470cm^{-1}$，属于—CH_2 的匀称变形振动，在加入 PAC 后，振动频率变为 $1456.2cm^{-1}$，这使得其伸缩振动所需能量增大[7, 22]。中心点位于 $1396.4cm^{-1}$ 的中心基团，是由于蛋白质典型基团—COO—的伸缩性振动造成的，在加入了 PAC 后基团位移至 $1409.9cm^{-1}$，这可能是由于羧基之间的位阻效应导致。此外，中心基团位于 $2968.3cm^{-1}$、$1656.8cm^{-1}$ 和 $1541.1cm^{-1}$ 的分别为烷基—CH 键伸缩性振动特征吸收峰、仲胺的酰胺性—C ＝O 键伸缩性振动特征吸收峰、—CONH 官能团中 N—H 键弯曲运动及 C—N 键伸缩性振动特征吸收峰。虽然峰位置没有明显移动，但是相对于添加 PAC 的 BSA 而言，特征吸收峰均有了不同程度的变化，可以进一步看出 PAC 对蛋白质的分子中主要官能团具有较大影响。且有文献表明，铝可以与蛋白质的某些官能团结合，实验结果与文献报道相互印证[23]。同样，从图片中可以看住，对于吸收峰 $3305cm^{-1}$，可以看出对于 BSA 中的仲胺 N—H 键伸缩性振动特征吸收峰，在 3 个样品中的稳定性为 PAC＋BSA＞PFS＋BSA＞BSA；对于 BSA 样品中 $1450cm^{-1}$ 处的吸收峰，当加入 PFS 后其振动频率减少为 $1443cm^{-1}$，暗示在 PFS＋BSA 样品中氢键的存在；峰 $1246cm^{-1}$ 和 $1369cm^{-1}$ 的消失意味着有机物和金属离子之间发生了某种络合

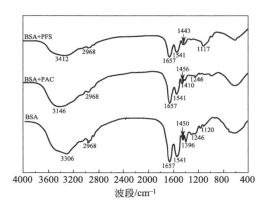

图 4-17　PAC 和 PFS 与模型有机物牛血清蛋白混合物红外光谱图[1]

　污泥厌氧消化过程中残余
絮凝剂影响及调控

反应[24]；峰 1120cm^{-1} 和 1117cm^{-1} 指代键 S═O 的伸缩振动，这个键在 PFS+BSA 的样品中最为明显[24]。

4.2 有机絮凝剂对污泥厌氧消化的影响机理

4.2.1 污泥厌氧消化累积产甲烷的动力学模拟

图 4-18 为厌氧消化反应器中含不同浓度 PAM 污泥厌氧消化反应器累积产甲烷量的 Gompertz 模型动力学拟合结果，以及最大产甲烷潜力（M_m）、

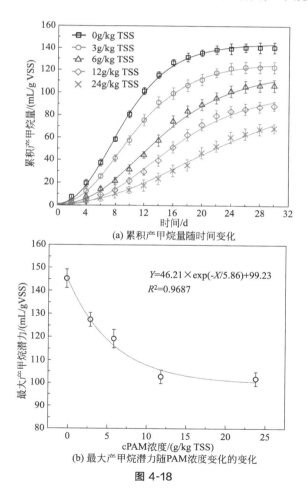

(a) 累积产甲烷量随时间变化

(b) 最大产甲烷潜力随PAM浓度变化的变化

图 4-18

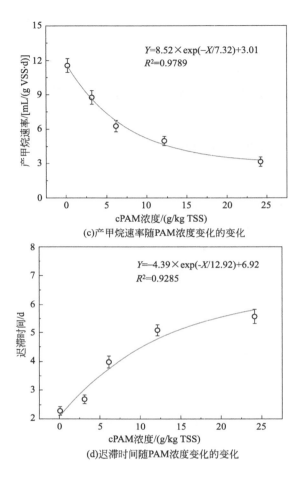

(c)产甲烷速率随PAM浓度变化的变化

(d)迟滞时间随PAM浓度变化的变化

图 4-18　Gompertz 模型拟合后累积产甲烷量、最大产甲烷潜力、产甲烷速率及迟滞时间随 PAM 浓度变化的变化情况[25, 26]

产甲烷速率（R_m）和迟滞时间（λ）随 PAM 浓度的变化情况。可以发现，随着 cPAM 添加量的增加，最大产甲烷潜力（M_m）和产甲烷速率（R_m）降低，但迟滞时间（λ）增加。这表明 cPAM 的添加不仅降低了污泥的最大产甲烷潜力，而且抑制了污泥的产甲烷速率，同时延长了反应器的启动时间。且研究表明，cPAM 的 50% 抑制浓度约为 164mg/L，即 8g cPAM/kg TSS[25]。

污泥厌氧消化过程中残余
絮凝剂影响及调控

4.2.2 对中间生化过程的影响

（1）溶出

作为厌氧消化过程的第一阶段，污泥中有机物的溶出的情况对后续产甲烷性能起着至关重要的作用。图 4-19（a）展示了 cPAM 对污泥厌氧消化第 3 天时溶解性蛋白质和糖浓度和 VSS 减量的影响，可以发现 PAM 的存在显著的抑制了蛋白质和多糖从污泥中的溶出，并且随着 PAM 的剂量增加，抑制更加显著。例如，在厌氧消化第 3 天，对照组中溶解性蛋白质和多糖浓度分别为 (619.8±12.2)mg COD/L 和 (113.9±8.5)mg COD/L，而

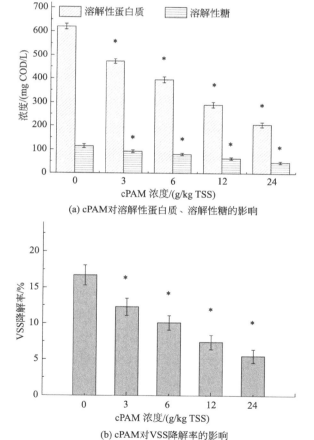

(a) cPAM对溶解性蛋白质、溶解性糖的影响

(b) cPAM对VSS降解率的影响

图 4-19　cPAM 对反应器中溶解性蛋白质、溶解性糖以及 VSS 减量的影响

加入 6g/kg TSS 和 12g/kg TSS 的 PAM 的组中溶解性蛋白质和多糖浓度分别为（394.8±11.5）mg COD/L 和（80.4±5.3）mg COD/L、（290.2±12.5）mg COD/L 和（62.8±5.7）mg COD/L。

图 4-19(b) 中可以看出，PAM 的存在显著的抑制了厌氧消化的 VSS 减量。并且随着 PAM 的剂量增加，抑制情况更加显著。例如，在厌氧消化第 3 天，对照组中 VSS 减量为（16.7±0.9）%，而加入 6g/kg TSS 和 12g/kg TSS 的 PAM 的组中 VSS 减量分别为（10.1±0.7）% 和（7.4±0.4）%。由于消化前期从污泥中溶出的有机底物浓度并未被大量降解转化为下一阶段产物，因此消化前 3d 的 VSS 减量主要是由有机底物如蛋白质和多糖从污泥固相中转移（即溶出）到液相中造成的。这进一步说明了 PAM 的存在对污泥中有机底物的溶出产生了抑制，从而降低了为细菌-古菌体系所利用的营养底物，这可能是厌氧消化过程中随着 PAM 添加量的增加厌氧消化甲烷产量逐渐降低的原因之一。

（2）水解、酸化和甲烷化

前期研究表明，厌氧消化微生物生物膜只允许通过分子量小于 1000 的单体或低聚物[27]。经过溶出阶段，污泥中大分子有机物如蛋白质和多糖，由固相（泥相）中转移至液相中。由于分子量较大无法为微生物直接吸收利用，需要先在微生物的体外被微生物分泌的胞外水解酶水解为小分子量的有机物，然后被微生物吸收同化。研究者以标准蛋白质 BSA 和标准多糖（Dextran）为消化底物，通过配水实验来探究 PAM 对污泥厌氧消化过程中大分子有机物水解的影响。

图 4-20 展示了不同剂量 PAM 对厌氧消化过程中间产物降解的影响。可以发现，PAM 的存在降低了 BSA 和多糖的水解速率，并且降低的程度随着 PAM 剂量增加而增强 [图 4-20(a)、(b)]。例如，经过 2d 的厌氧消化，添加 75mg/L PAM 的反应器中 BSA 和多糖的降解率分别为（22.4±2.0）% 和（76.2±3.2）%，添加 150mg/L PAM 的反应器中二者的降解率分别为（16.8±1.7）% 和（70.8±3.5）%，而对照试验中二者的降解率分别为（34.0±1.8）% 和（84.0±3.5）%。对厌氧消化前 3d 降解情况进行零级动力学分析可以得出，75mg/L PAM 和 150mg/L PAM 的添加分别对 BSA 的厌氧消化降解速率产生了 23.5% [从 0.8543mg/(L·d) 降低到 0.6537mg/(L·d)] 和 33.4% [从 0.8543mg/(L·d) 降低到 0.5690mg/(L·d)] 的抑制，对多糖的厌氧消化降解速率产生了 12.0% [从 0.5817mg/(L·d) 降低到 0.5122mg/(L·d)]

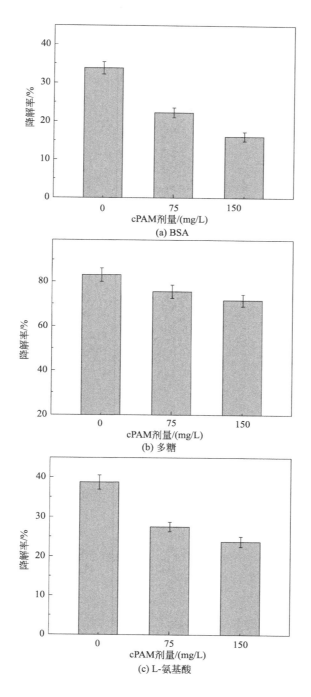

(a) BSA

(b) 多糖

(c) L-氨基酸

图 4-20

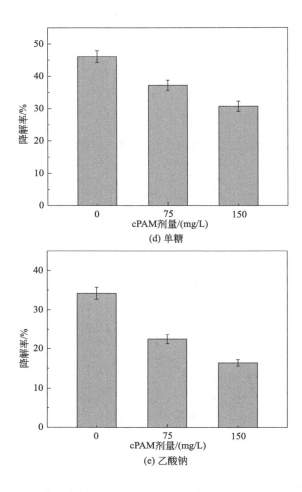

图 4-20　PAM 对厌氧消化过程中 BSA 和多糖、L-氨基酸、单糖和乙酸钠降解的影响

和 17.3% ［从 0.5817mg/（L·d）］降低到 ［0.4809mg/（L·d）］的抑制。有研究表明，水解酶碰撞反应物分子频率和超越活化能屏障而有效碰撞的机会决定了水解反应进行的速率[28]。因此，可以推测，PAM 的存在降低了水解酶与反应物分子发生碰撞的可能性。可能的原因是 PAM 上的长链结构或酰胺基通过共价键方式与水解酶发生作用相互连结而降低了酶活性，也可能是由于大分子有机底物被 PAM 所捕获或包裹从而阻止了有机底物与水解酶的接触[22,29]。

　　从污泥中释放的大分子有机物在微生物胞外水解酶的作用下被降解（水解）为低分子量的有机物。低分子量的有机物如氨基酸、单糖等可以被发酵产酸微生物细胞直接摄入，作为有机底物进入酸化发酵阶段，最终被转化为短链脂肪酸。研究者以标准氨基酸（L-alanine）和标准单糖（glucose）为消化底物，通过短期配水实验来探究 PAM 对污泥厌氧消化过程中小分子有机物酸化的影响。图 4-20(c)、(d) 展示了不同剂量 PAM 对厌氧消化过程中典型小分子有机物 L-alanine 和 glucose 酸化的影响。可以发现，PAM 的存在降低了 L-alanine 和 glucose 的降解速率，并且降低的程度随着 PAM 剂量增加而增强。例如，经过 2d 的厌氧消化，添加 75mg/L PAM 的反应器中 L-alanine 和 glucose 的降解率分别为 $(27.4 \pm 1.8)\%$ 和 $(37.0 \pm 2.1)\%$，添加 150mg/L PAM 的反应器中二者的降解率分别为 $(24.1 \pm 2.0)\%$ 和 $(30.6 \pm 2.3)\%$，而对照试验中二者的降解率分别为 $(39.0 \pm 2.6)\%$ 和 $(46.3 \pm 2.4)\%$。对厌氧消化前 3d 降解情况进行零级动力学分析可以得出，75mg/L PAM 和 150mg/L PAM 的添加分别对 L-alanine 的厌氧消化降解速率产生了 22.2% ［从 0.7324mg/(L·d) 降低到 0.5700mg/(L·d)］ 和 30.1% ［从 0.7324mg/(L·d) 降低到 0.5120mg/(L·d)］ 的抑制，对 glucose 的厌氧消化降解速率产生了 17.8% ［从 0.1324mg/(L·d) 降低到 0.1088mg/(L·d)］和 30.6% ［从 0.1324mg/(L·d) 降低到 0.0919mg/(L·d)］ 的抑制。上述结果表明，PAM 对厌氧消化过程中小分子有机物酸化阶段也有一定的抑制作用，原因可能是 PAM 的存在阻碍了发酵产酸微生物细胞对小分子有机物的摄入量。

甲烷化是污泥厌氧消化过程中最易受到外界环境影响的阶段，极易受到外源物或有毒害的物质的影响[30-32]。以标准短链脂肪酸 Acetate 为厌氧消化底物，通过短期配水模拟实验来探究 PAM 对污泥厌氧消化过程中酸化产物甲烷化的影响。图 4-20(e) 展示了不同剂量 PAM（即 75mg/L 和 150mg/L）对厌氧消化过程中典型酸化产物 Acetate 甲烷化的影响。可以发现，PAM 的存在降低了 Acetate 的降解速率，并且降低的程度随着 PAM 剂量增加而增强。例如，经过 2d 的厌氧消化，添加 75mg/L 和 150mg/L PAM 的反应器中 Acetate 的降解率分别为 $(22.6 \pm 1.7)\%$ 和 $(17.2 \pm 1.6)\%$，而对照试验中 Acetate 的降解率为 $(33.8 \pm 2.0)\%$。对厌氧消化前 3d 降解情况进行零级动力学分析可以得出，75mg/L 和 150mg/L PAM 的添加分别对 Acetate 的厌氧消化降解速率产生了 26.3% ［从 0.4770mg/(L·d) 降低到 0.3517mg/(L·d)］ 和 44.8% ［从 0.4770mg/(L·d)降低到 0.2631mg/(L·d)］ 的抑制。结果说明 PAM 对厌氧消化过程中典型酸化产物 Acetate 甲烷化有明显的抑制。此外，与酸化阶段相比，PAM 对产甲烷阶段的影响更加显著。原因可能是在各种不同类型的厌氧微生物中，产甲烷菌对外界环境最敏感，忍耐力最差，也最易受到污水或污泥中有毒有害物质的影响。PAM 在厌氧消化过程中的存在一方面可能影响了产甲烷菌与酸化底物的接触，另一方面可能会改变产甲烷菌周边的环境，从而对厌氧消化甲烷化阶段产生抑制。

对于有机的天然絮凝剂也有类似现象，以最常见的壳聚糖为例，见表 4-2，当以 BSA 和 Dextran 为水解的模型基质时，16g/kg TSS 壳聚糖存在的反应器中 BSA 和 Dextran 的降解速率分别为空白的 42.42% 和 39.34%；在水解和酸化中也有类似现象，随着壳聚糖浓度的升高，抑制作用增强。

表 4-2　壳聚糖浓度对模型基质降解速率的影响[33]

基质	壳聚糖浓度/(g/kg TSS)		
	0	4	16
牛血清蛋白	0.33±0.02	0.23±0.01	0.14±0.02
葡聚糖	0.61±0.08	0.41±0.03	0.24±0.03
L-丙氨酸	0.35±0.03	0.27±0.01	0.17±0.02
葡萄糖	0.36±0.05	0.28±0.03	0.18±0.03
乙酸	0.38±0.05	0.23±0.03	0.13±0.02
氢气	0.29±0.04	0.15±0.02	0.10±0.01

注：氢气单位为 L/(L·d)；其余单位 g/(L·d)

4.2.3　对胞外聚合物组成的影响

胞外聚合物（EPS）作为污泥的重要组成部分，主要由蛋白质、多糖、脂质等组成。有机合成絮凝剂 PAM 的加入引起了污泥絮体微观絮体的宏观结构的变化，也可能引起胞外聚合物的特性的改变。图 4-21 展示了批次实验中添加 0g/kg TSS、6g/kg TSS、12g/kg TSS 的 PAM 的污泥厌氧消化第 3 天时污泥 LB-EPS 和 TB-EPS 的三维荧光谱图。可以发现，各组中污泥 LB-EPS 三维荧光谱图中有两个主峰（即 Peak A 和 Peak B），TB-EPS 仅有一个主峰（即 Peak B）。主峰 Peak A 分布于激发-发射波长为 221～223nm/325～343nm 处，可被划分为类酪氨酸物质，主峰 Peak B 分布于激发-发射波长为 374～376nm/331～349nm 处，可被划分为溶解性细胞副产物。前期研究表明，EPS 三维荧光谱图中各主峰位置和荧光强度的变化可以分别反

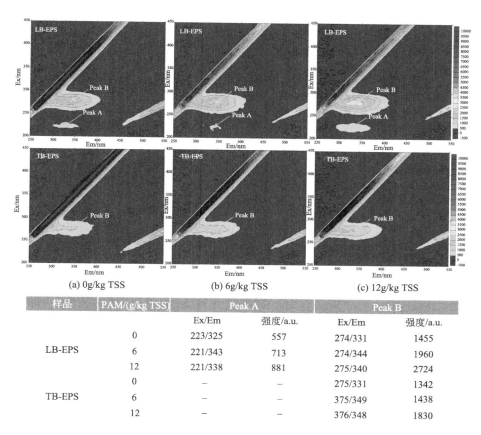

(a) 0g/kg TSS   (b) 6g/kg TSS   (c) 12g/kg TSS

样品	PAM/(g/kg TSS)	Peak A		Peak B	
		Ex/Em	强度/a.u.	Ex/Em	强度/a.u.
LB-EPS	0	223/325	557	274/331	1455
	6	221/343	713	274/344	1960
	12	221/338	881	275/340	2724
TB-EPS	0	–	–	275/331	1342
	6	–	–	375/349	1438
	12	–	–	376/348	1830

图 4-21　不同浓度 PAM 存在时厌氧消化第 3 天污泥
LB-EPS 和 TB-EPS 的三维荧光光谱图（书后另见彩图）

映出其结构和数量的变化。据报道，主峰的红移可间接说明 EPS 中羰基、羟基、烷氧基、氨基和羧基等官能团的增加，而蓝移可以间接说明 EPS 中羰基、羟基、氨基以及 π-电子系统、芳香环、共轭链结构等官能团的减少[34,35]。此外，三维荧光谱图中各主峰的荧光强度与对应的荧光物质（特征物质）有较好的相关性[35]。从图中可以看出，与对照组相比，PAM 的添加不仅使 LB-EPS 和 TB-EPS 中主峰 Peak A 和 Peak B 发生了一定的蓝移，而且增加了它们的荧光强度。例如，对照组中污泥 LB-EPS 的 Peak A 发射波长为 338 nm，荧光强度为 557a.u.，而添加 12g/kg TSS 的 PAM 的污泥 LB-EPS 的 Peak A 发射波长降低为 325nm，荧光强度增加为 881a.u.；对照组中污泥 TB-EPS 的 Peak B 发射波长为

348nm，荧光强度为 1342a.u.，而添加 12g/kg TSS 的 PAM 的污泥 TB-EPS 的 Peak B 发射波长降低为 331nm，荧光强度增加为 1830a.u.。这些结果表明，PAM 的存在阻碍了污泥中 LB-EPS 和 TB-EPS 的有机物向液相或溶解相中的释放，导致了消化反应器中溶解性有机物如蛋白质、多糖等底物浓度的降低。

4.2.4　对厌氧消化系统关键酶活性的影响

图 4-22 是污泥在厌氧消化过程中的代谢途径，与其相关的酶包括蛋白酶（Protease）、乙酸激酶（AK）、辅酶 F420，以及氧化还原酶 AL-DH。表 4-3 中，6g PAM/kg TSS 和 12g PAM/kg TSS 反应器中的蛋白酶、乙酸激酶、辅酶 F420 的酶活性都低于 0g PAM/kg TSS 反应器中酶活性，说明 PAM 的存在对于参与污泥厌氧消化过程中水解、酸化以及甲烷化阶段的关键酶活性均有一定的抑制作用，并且随着 PAM 的剂量增加，抑制情况也更加显著。当半连续长期反应器中 PAM 投加剂量为 6g/kg TSS 和 12g/kg TSS 时，蛋白酶、乙酸激酶、辅酶 F420 的相对活力分别下降到对照组的 83.3％和 69.8％、88.2％和 75.0％、65.7％和 48.6％。

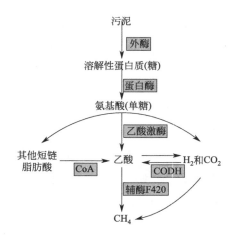

图 4-22　污泥在厌氧消化过程中的酶代谢途径

表 4-3　半连续反应器中污泥和 PAM 的代谢酶活性

反应器剂量 /(g PAM/kg TSS)	蛋白酶 /(U/mg VSS)	AK /(U/mg VSS)	F420 /(U/mg VSS)	ALDH /(U/mg VSS)
0	1.26±0.06	0.68±0.03	0.35±0.01	0.074±0.005
6	1.05±0.05	0.60±0.03	0.23±0.01	0.086±0.007
12	0.88±0.05	0.51±0.02	0.17±0.01	0.096±0.007

注：AK—乙酸激酶（acetate Kinase）；F420—辅酶 420（Coenzyme F420）；ALDH—乙醇脱氢酶（Alcohol Dehydrogenase）。

4.2.5　有机絮凝剂成分与其演变产物的影响贡献识别

4.2.5.1　絮凝作用

图 4-23 展示了厌氧消化第 3 天批次实验各反应器中污泥絮体粒径分布情况。可以清晰地看出，PAM 的存在使得污泥絮体粒径分布向右移动（即向增大的方向移动），并且随着 PAM 的剂量增加污泥絮体粒径分布右移更加明显。例如，对照组中污泥絮体的中位径（$D50$）为 $51.29\mu m$，而加入 6g/kg TSS 和 12g/kg TSS PAM 实验组的中位径分别为 $58.88\mu m$ 和 $64.57\mu m$。前期研究表明，污泥絮体粒径分布的增大会导致其在溶出水解过程的传质阻力的增加，这相应的会降低污泥中有机底物的溶出效率[36-38]。因此可以得出，PAM 的存在引起了污泥絮体粒径的增加，从而对有机底物溶出的过程产生的抑制。类似现象在其他研究中也被发现[39]。

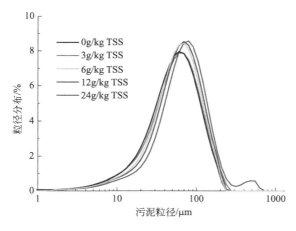

图 4-23　不同浓度 PAM 反应器中污泥絮体粒径分布（书后另见彩图）

图 4-24 展示了添加 0g/kg TSS、6g/kg TSS、12g/kg TSS PAM 的污泥絮体扫描电镜图。可以清楚地看出，PAM 的加入使污泥絮体发生聚集从而粒径变大。污泥絮体的变大导致污泥比表面积变小，使得微生物分泌的水解酶或水解酸化微生物与污泥接触更加困难，从而降低了有机物的溶出以

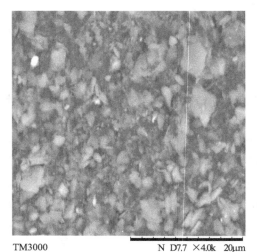

(a) 0g/kg TSS

(b) 6g/kg TSS

污泥厌氧消化过程中残余
絮凝剂影响及调控

(c) 12g/kg TSS

图 4-24　添加不同剂量 PAM 混凝后的污泥扫描电镜图（书后另见彩图）

及后续的水解酸化过程的效率。该部分直观地展示了 PAM 与污泥的作用情况：通过电中和作用以及吸附、架桥等作用，PAM 与污泥发生絮凝，使得污泥絮体变大；尽管这些改变对于污泥脱水性能有较大的改善，但是增加了厌氧消化过程的传质阻力，对污泥厌氧消化过程微生物或微生物分泌的胞外酶与底物的接触有较大抑制。

4.2.5.2　有机絮凝剂的基质效应

与无机絮凝剂不同的是，有机絮凝剂在污泥厌氧消化过程中其本身可以充当基质供给微生物利用，充当一部分碳源。

众所周知，厌氧消化过程是由一系列微生物驱动的氧化还原反应，在微生物的作用下可以将有机底物转化为甲烷和二氧化碳，甲烷的最终单位产量与底物类型直接相关。厌氧消化过程中，蛋白质（以 BSA 为例）、多糖（以 Dextran 为例）和污泥细胞的理想态化学计量式可以分别表示为式（4-3）～式（4-5）。通过计算可以得出，1g 的 BSA、Dextran、细胞理论上可以分别产生 0.318g、0.296g、0.354g（也就是 445.5mL、414.4mL、495.6mL）的甲烷。因为 PAM 是由单体丙烯酰胺所合成，本研究选用丙烯酰胺来进行理想态化学计量式计算。通过式（4-6）可以得出，1g 的 PAM 完全降解理论上可以产生 0.343g（即 480.5mL）的甲烷。

$$C_{10}H_{20}O_6N_2(BSA)+3.5H_2O \longrightarrow 5.25CH_4+4.75CO_2+2NH_3 \quad (4\text{-}3)$$

$$C_6H_{10}O_5(Dextran)+H_2O \longrightarrow 3CH_4+3CO_2 \quad (4\text{-}4)$$

$$C_5H_7O_2N(cell)+3H_2O \longrightarrow 2.5CH_4+2.5CO_2+NH_3 \quad (4\text{-}5)$$

$$C_3H_5ON(acrylamide)+2H_2O \longrightarrow 1.5CO_2+1.5CH_4+NH_3 \quad (4\text{-}6)$$

图 4-25 展示了 BSA、Dextran、细胞以及 PAM 在 30d 的厌氧消化过程中累积甲烷产量。可以发现，0.54g PAM 在 30d 的厌氧消化过程中累积甲烷产量仅为（17.5±1.2）mL，是 PAM 降解理论产量的 6.7%。而对应的 BSA、Dextran、细胞的累积甲烷产量分别为（237.1±16.4）mL、（218.4±12.5）mL、（91.8±6.2）mL。各底物产甲烷速率快慢排序为 Dextran＞BSA＞污泥＞PAM。这说明尽管 PAM 与蛋白质、多糖比较具有较高的理论产甲烷潜力，但是其难以被厌氧微生物降解以及转化为甲烷。PAM 的难降解特性也在其他研究中报道。

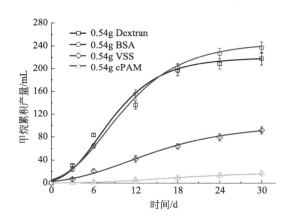

图 4-25　底物 0.54g Dextran、0.54g BSA、0.54g VSS 和 0.54g cPAM 厌氧消化过程中累积产甲烷情况比较（曲线为 Gompertz 模型拟合结果）

当以壳聚糖为厌氧消化底物时也有相同的现象产生，在用于甲烷生产之前，壳聚糖需要首先解聚成低分子量（MW）的化合物，然后生成甲烷。如图 4-26(a) 所示，在厌氧反应器中，使用壳聚糖作为单一碳源，在 36d 的反应后壳聚糖的降解率为 26.8%。假一级动力学模型预测发现，壳聚糖的厌氧半衰期为 61.4d。图 4-26(b) 表明，壳聚糖经过 36d 的消化出现一个主峰（13.4min）和一个小峰（18.5min），但位于两个峰的物质相对丰度略有降低，同时保留时间略有延迟，分别为13.7min和18.7min，说明厌氧菌降低了壳聚糖的分子量。此外，在第36天厌氧消化系统中检测到（22.8±2.1）mg/L 壳二糖、（8.5±0.7）mg/L 葡萄糖和（23.6±1.1）mg COD/L SCFAs。根据这些结果，提出了一种壳聚糖厌氧消化降解途径，如图4-26（d）所示。壳聚糖首先通过解聚转化为一系列低分子化合物，甚至是壳二糖。然后，产生的壳二糖降解为氨基葡萄糖，氨基葡萄糖进一步转化为短链脂肪酸和甲烷。由图4-26（c）可知，经过36d的消化，甲烷产量仅为

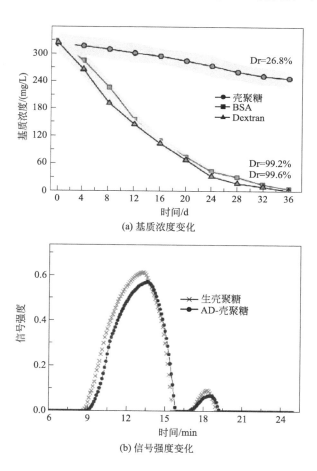

(a) 基质浓度变化

(b) 信号强度变化

图4-26

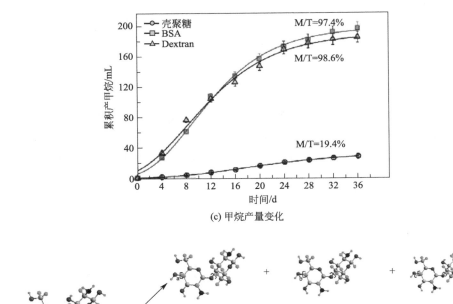

(c) 甲烷产量变化

(d) 壳聚糖产甲烷代谢途径

图 4-26 壳聚糖存在的污泥厌氧消化反应器中基质浓度变化、信号强度变化、甲烷产量变化以及壳聚糖产甲烷代谢途径[33]

(27.4 ± 0.3)mL，仅占理论产量的 19.4%。显然，与蛋白质和碳水化合物（污泥中的固有有机物）相比，壳聚糖表现出更低的降解效率和生化甲烷潜力［图 4-26(a)、(c)］。实验结果表明，与蛋白质和多糖相比，壳聚糖虽然展现出了更低的降解率，但是也证明了其在厌氧消化过程的可降解性以及一定程度上可以作为基质利用的特性。

4.2.5.3 絮凝剂本身代谢产物的影响

PAM 作为一种大分子有机物，可以作为碳源和氮源被厌氧微生物所降解。PAM 也可能为厌氧细菌-古菌体系所降解。研究者对该批次实验中厌氧消化 30d 后消化混合液中 PAM 的结构进行红外光谱测定来定性分析 PAM

在污泥厌氧消化过程中主要官能团的变化。如图 4-27 所示，可以发现厌氧消化前和厌氧消化 30d 之后的 PAM 红外光谱图有明显差异。中心点位于 $3415cm^{-1}$ 和 $3251cm^{-1}$ 分别为游离—NH_2 和结合性—NH_2 键的伸缩性振动特征吸收峰，在 30d 厌氧消化后明显减弱。中心点位于 $1182cm^{-1}$ 为 C—N 键振动特征吸收峰，在 30d 厌氧消化后也明显减弱。此外，中心点位于 $1644cm^{-1}$ 为仲胺的酰胺性—C═O 键伸缩性振动特征吸收峰，在 30d 厌氧消化后出现减弱和移动（至 $1667cm^{-1}$）。这些特征官能团吸收峰的减弱间接说明了聚丙烯酰胺侧链中酰胺基的水解或降解[22,40,41]。而中心位点位于 $1564cm^{-1}$ 和 $1253cm^{-1}$ 为羧基的—C═O 堆成伸缩性振动特征吸收峰，在

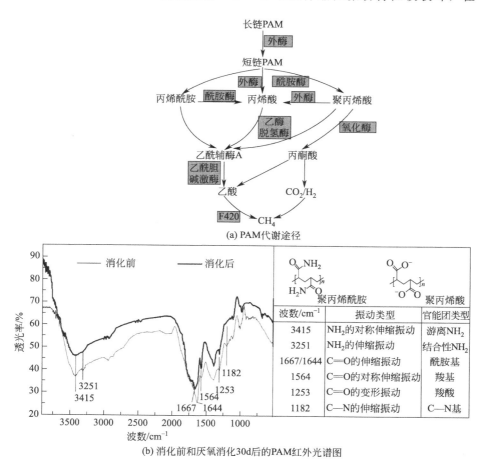

(a) PAM代谢途径

(b) 消化前和厌氧消化30d后的PAM红外光谱图

图 4-27 厌氧消化反应器中 PAM 代谢途径以及消化前和

厌氧消化 30d 后的 PAM 红外光谱图

30d 厌氧消化后明显增强，说明了 PAM 中羰基官能团被降解为羧基。结合文献分析可得出，厌氧消化反应器中 PAM 的主要降解产物分别为聚丙烯酸、丙烯酸、丙烯酰胺等物质。

图 4-28 展示了半连续长期反应器中 PAM 浓度为 12g/kg TSS 时，反应器内 PAM 及其主要代谢产物对污泥厌氧消化过程中有机物溶出、水解、酸化和甲烷化阶段的影响。可以发现，32.3mg/L 的聚丙烯酸（PAA）显著抑制了污泥厌氧消化过程中有机物溶出、水解、酸化和甲烷化阶段（$P <$ 0.05）。当污泥或模拟废水中 PAA 浓度为 32.3mg/L 时，经过 2d 的厌氧消化后污泥反应器中溶解性蛋白质和多糖浓度分别下降到了空白组的 (78.7 ± 3.5)% 和 (70.7 ± 3.8)%，模拟废水中 BSA 和 Dextran 的水解率分

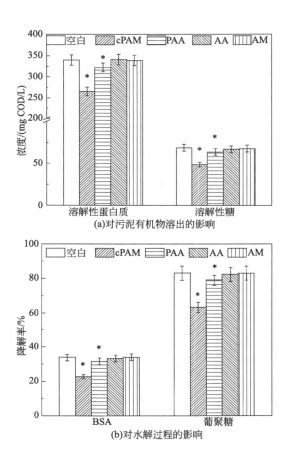

(a) 对污泥有机物溶出的影响

(b) 对水解过程的影响

污泥厌氧消化过程中残余
絮凝剂影响及调控

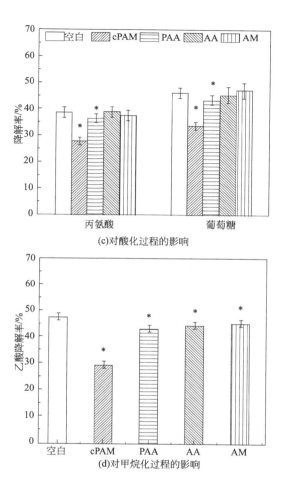

图 4-28　PAM 及其主要代谢产物对污泥有机物溶出、水解、酸化和
甲烷化过程的影响　(* 代表该组与空白组的差异显著)

别由空白组的（33.8±1.8)%和（83.1±4.0)%下降到（22.6±1.2)%和
(63.3±3.3)%，模拟废水中 L-丙氨酸（L-alanine）和葡萄糖（Glucose）的
降解率分别由空白组的（38.7±2.0)%和（46.1±2.2)%下降到（27.2±
1.5)%和（33.7±1.8)%，模拟废水中乙酸钠的降解率分别由空白组的
(47.3±1.4)%下降到（28.2±1.2)%。14.9mg/L 的丙烯酰胺（AM）和
22.1mg/L 的丙烯酸（AA）对污泥厌氧消化过程中有机物溶出、水解、酸
化阶段均无显著影响（$P>0.05$），但是对于乙酸型产甲烷过程有一定的抑

制作用。例如，当模拟废水中 AM 和 AA 浓度分别为 14.9mg/L 和 22.1mg/L 时，模拟废水中乙酸钠的降解率由空白组的 (47.3±1.4)% 分别下降到 (44.9±1.3)% 和 (44.4±1.3)%。

结果表明，PAM 的中间代谢物对污泥厌氧消化性能有一定的抑制，且 PAA 是中间代谢产物中的主要贡献者。本研究中，PAA 对污泥厌氧消化过程中溶出、水解、酸化和甲烷化阶段的影响较大，而丙烯酰胺却无明显毒性。原因可能是反应器中 PAA 浓度较 AM 比较高，产生的毒性作用更明显。

抑制动力学分析结果如表 4-4 所列。可以发现，PAM 及其中间代谢产物对于乙酸钠降解产甲烷过程的抑制常数 $K_{s,i}$ 均低于其他过程。这表明产甲烷过程比其他生化过程如水解、酸化等对于这些中间代谢产物更加的敏感。对于乙酸钠降解产甲烷过程，聚丙烯酸 PAA 的抑制常数为 108mg/L，丙烯酸 AA 为 216mg/L，丙烯酰胺 AM 为 266mg/L，都低于 PAM (326mg/L)，说明在相同浓度下 PAM 对乙酸钠降解产甲烷过程的毒性相较于中间代谢产物更低。

表 4-4　PAM、PAA、AA 和 AM 对厌氧消化过程中有机物溶出以及底物降解的抑制常数[33]

消化步骤	基质	$K_{s,i}$/(mg/L)			
		PAM	PAA	AA	AM
溶出	蛋白质	607	196	3227	1128
	碳水化合物	456	167	851	826
水解	牛血清蛋白	384	188	1790	11460
	葡聚糖	1092	509	56000	25000
酸化	L-丙氨酸	367	248	20000	663
	葡萄糖	485	216	594	10500
产甲烷	乙酸	326	108	216	266

4.2.5.4　改变有机质理化性质

图 4-29 为 PAM 与蛋白质 BSA 以及多糖 Dextran 混合物的红外光谱图。从图 4-29(a) 中可以看出，中心点位于 $3298cm^{-1}$ 为 BSA 中仲胺 N—H 键伸缩性振动特征吸收峰，与 PAM 结合后该中心点移动至 $3359cm^{-1}$，这说明 PAM 的存在使得仲胺 N—H 键伸缩性振动需要更多的能量，BSA 与 PAM

污泥厌氧消化过程中残余
聚凝剂影响及调控

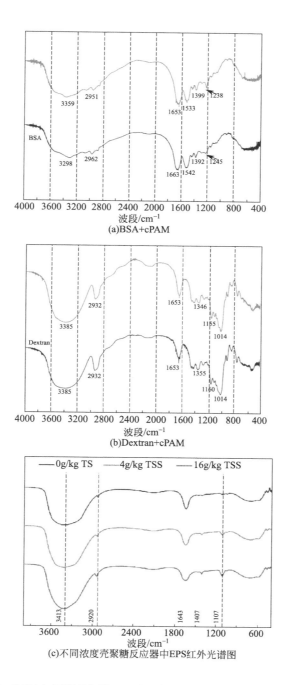

(a)BSA+cPAM

(b)Dextran+cPAM

(c)不同浓度壳聚糖反应器中EPS红外光谱图

图 4-29　PAM 与标准蛋白质 BSA 以及标准多糖 Dextran 混合物的红外

光谱图以及不同浓度壳聚糖反应器中污泥 EPS 红外光谱图

结合后 N—H 键变得会变得更加稳定，这可能是由于 BSA 与 PAM 分子间的静电作用力所导致[22]。类似的，中心点位于 1392cm^{-1} 为 BSA 中羧基的堆成伸缩性振动特征吸收峰，与 PAM 结合后该中心点移动至 1399cm^{-1}，这可能是由于 PAM 分子中羧基与 BSA 分子中的羧基之间的位阻效应所导致[40]。位于 2962cm^{-1}、1663cm^{-1}、1542cm^{-1} 和 1245cm^{-1} 分别为烷基 C—H 键伸缩性振动特征吸收峰、仲胺的酰胺性—C≡O 键伸缩性振动特征吸收峰、—CONH 官能团中 N—H 键弯曲运动及 C—N 键伸缩性振动特征吸收峰和酰胺Ⅲ带官能团中 C—N 键伸缩性振动特征吸收峰，与 PAM 结合后分别移动至 2951cm^{-1}、1653cm^{-1}、1533cm^{-1} 和 1238cm^{-1}，说明 BSA 与 PAM 分子间存在氢键作用力[41]。此外，从中心位点位于 1542cm^{-1}、1392cm^{-1} 和 1245cm^{-1} 等特征峰相对吸收强度的增加可以进一步看出，PAM 对蛋白质分子主要官能团结构的影响较大。

图 4-29(b) 展示了 Dextran 和 PAM＋Dextran 的红外光谱图。可以看出，除了中心点位于 1355cm^{-1} 和 1160cm^{-1} 的特征峰，Dextran 和 PAM＋Dextran 的红外光谱图无明显差异。1355cm^{-1} 和 1160cm^{-1} 分别为—O—H 键面内变形振动特征吸收峰和—C≡O 键伸缩性振动特征吸收峰，与 PAM 结合后分别移动至 1346cm^{-1} 和 1155cm^{-1}，说明 Dextran 与 PAM 分子间存在氢键作用力。以上可以看出，BSA 与 PAM 作用后主要官能团变动与 Dextran 比较大，说明 PAM 对蛋白质的吸附力（或黏附力）比对多糖的更稳固，这解释了为什么 PAM 对 BSA 降解速率的抑制程度明显高于 Dextran。

此外，也有研究者通过红外光谱分析仪发现，随着壳聚糖浓度的升高，与蛋白质有关的峰变弱，但是与多糖以及壳聚糖相关的峰变强（图 4-29），推测 EPS 中可能由于壳聚糖对多糖的替代性，抑制其水解。

参考文献

[1] Yanxin W, Min L, Xuran L, et al. Insights into how poly aluminum chloride and poly ferric sulfate affect methane production from anaerobic digestion of waste activated sludge [J]. Science of the Total Environment, 2021, 811: 151413.

[2] Liu X R, Wu Y X, Xu Q X, et al. Mechanistic insights into the effect of poly ferric sulfate on

污泥厌氧消化过程中残余
聚凝剂影响及调控

anaerobic digestion of waste activated sludge [J] . Water Research, 2021, 189: 116645.

[3] Jyilay, Yu Youli, Tatsuyanoike. Influences of pH and moisture content on the methane production in high-solids sludge digestion [J] . Water Research, 1997, 31 (6): 1518-1524.

[4] Chen Y, Wu Y, Wang D, et al. Understanding the mechanisms of how poly aluminium chloride inhibits short-chain fatty acids production from anaerobic fermentation of waste activated sludge [J] . Chemical Engineering Journal, 2017, 334: 1351-1360.

[5] Zhu S J, Chen H B. Unraveling the role of polyferric chloride in anaerobic digestion of waste activated sludge [J] . Bioresource Technology, 2022, 346: 126620.

[6] Lin L, Li R H, Yang Z Y, et al. Effect of coagulant on acidogenic fermentation of sludge from enhanced primary sedimentation for resource recovery: Comparison between $FeCl_3$ and PACl [J]. Chemical Engineering Journal, 2017, 325: 681-689.

[7] Xu Q, Li X, Ding R, et al. Understanding and mitigating the toxicity of cadmium to the anaerobic fermentation of waste activated sludge [J] . Water Research, 2017, 124 (1): 269.

[8] Wang Y, Zhao J, Wang D, et al. Free nitrous acid promotes hydrogen production from dark fermentation of waste activated sludge [J] . Water Research, 2018, 145 (nov. 15): 113-124.

[9] Luo K, Yang Q, Li X M, et al. Novel insights into enzymatic-enhanced anaerobic digestion of waste activated sludge by three-dimensional excitation and emission matrix fluorescence spectroscopy [J] . Chemosphere, 2013, 91 (5): 579-585.

[10] Yu Z, Song Z, Wen X, et al. Using polyaluminum chloride and polyacrylamide to control membrane fouling in a cross-flow anaerobic membrane bioreactor [J] . Journal of Membrane Science, 2015, 479: 20-27.

[11] Liu X, Wu Y, Xu Q, et al. Mechanistic insights into the effect of poly ferric sulfate on anaerobic digestion of waste activated sludge [J] . Water Research, 2021, 189: 116645.

[12] Gossett J M, Mccarty P L. Anaerobic Digestion of Sludge from Chemical Treatment [J] . Water Environment Federation, 1978, 50 (3): 533-542.

[13] Pierce R E. Acetogenesis and the Wood-Ljungdahl pathway of CO_2 fixation [J] . Biochimica et Biophysica Acta (BBA) - Proteins and Proteomics, 2008, 1784 (12): 1873-1898.

[14] Zheng C, Zhang Y, Liu Y, et al. Characterization and Reconstitute of a [Fe_4S_4] Adenosine 5'-Phosphosulfate Reductase from Acidithiobacillus ferrooxidans [J] . Current Microbiology, 2009, 58 (6): 586.

[15] Lemire J, Mailloux R, Auger C, et al. Pseudomonas fluorescens orchestrates a fine metabolic-balancing act to counter aluminium toxicity [J] . Environmental Microbiology, 2010, 12 (6): 1384-1390.

[16] Morgan E H, Redgrave T G. Effects of dietary supplementation with aluminum and citrate on iron metabolism in the rat [J] . Biological trace element research, 1998, 65 (2): 117-131.

[17] Perez G, Garbossa G, Sassetti B, et al. Interference of aluminium on iron metabolism in erythroleukaemia K562 cells [J] . Journal of inorganic biochemistry, 1999, 76 (2): 105-112.

[18] Zhao，Zisheng，Zhang，et al. Comparing the mechanisms of ZVI and Fe_3O_4 for promoting waste-activated sludge digestion [J]. Water Research，2018，144：126-133.

[19] Zhan W，Tian Y，Zhang J，et al. Mechanistic insights into the roles of ferric chloride on methane production in anaerobic digestion of waste activated sludge [J]. Journal of Cleaner Production，2021，296：126527.

[20] Baek G，Kim J，Lee C. A review of the effects of iron compounds on methanogenesis in anaerobic environments [J]. Renewable and Sustainable Energy Reviews，2019，113：109282.

[21] 刘旭冉. 聚丙烯酰胺对剩余污泥厌氧消化过程影响行为的解析与调控 [D]. 长沙：湖南大学，2019.

[22] Dai X，Xu Y，Dong B. Effect of the micron-sized silica particles (MSSP) on biogas conversion of sewage sludge [J]. Water Research，2017，115：220-228.

[23] 王趁义. 环境中可溶态铝对植物毒害作用的研究评述 [J]. 湖州师范学院学报，2006，(02)：38-42.

[24] Xu Y，Lu Y，Dai X，et al. The influence of organic-binding metals on the biogas conversion of sewage sludge [J]. Water Research，2017，126 (dec. 1)：329-341.

[25] Wang D B，Liu X R，Zeng G M，et al. Understanding the impact of cationic polyacrylamide on anaerobic digestion of waste activated sludge [J]. Water Research，2018，130：281-290.

[26] Jiao Y M，Chen H B. Polydimethyldiallylammonium chloride induces oxidative stress in anaerobic digestion of waste activated sludge [J]. Bioresource Technology，2022，356.

[27] Luo J，Feng L，Chen Y，et al. Alkyl polyglucose enhancing propionic acid enriched short-chain fatty acids production during anaerobic treatment of waste activated sludge and mechanisms [J]. Water Research，2015，73 (apr. 15)：332-341.

[28] Wei J，Hao X，Van loosdrecht M C M，et al. Feasibility analysis of anaerobic digestion of excess sludge enhanced by iron：A review [J]. Renewable & Sustainable Energy Reviews，2018，89：16-26.

[29] Dai X，Luo F，Yi J，et al. Biodegradation of polyacrylamide by anaerobic digestion under mesophilic condition and its performance in actual dewatered sludge system [J]. Bioresource Technology，2014，153：55-61.

[30] 蒲贵兵，甄卫东，张记市，等. 城市生活垃圾厌氧消化中甲烷产量的生物动力学研究 [J]. 化学与生物工程，2007，(07)：55-59.

[31] Yuan H，Chen Y，Zhang H，et al. Improved bioproduction of short-chain fatty acids (SCFAs) from excess sludge under alkaline conditions [J]. Environmental Science & Technology，2006，40 (6)：2025.

[32] 舒炼，柳建新，吕鑫，等. 淀粉-碘化镉法检测聚丙烯酰胺类聚合物浓度测量条件的优化 [J]. 应用化工，2010，39 (011)：1766-1769，1782.

[33] Liu X，Du M，Lu Q，et al. How Does Chitosan Affect Methane Production in Anaerobic Digestion? [J]. Environmental Science & Technology，2021，55 (23)：15843-15852.

污泥厌氧消化过程中残余
絮凝剂影响及调控

[34] Wang Q，Sun J，Song K，et al. Combined zero valent iron and hydrogen peroxide conditioning significantly enhances the dewaterability of anaerobic digestate [J] . Journal of Environmental Sciences，2018，67：378-386.

[35] Zhao J，Wang D，Li X，et al. Free nitrous acid serving as a pretreatment method for alkaline fermentation to enhance short-chain fatty acid production from waste activated sludge [J] . Water Research，2015，78：111-120.

[36] Chu C P，Lee D J，Chang B-V，et al. "Weak" ultrasonic pre-treatment on anaerobic digestion of flocculated activated biosolids [J] . Water research，2002，36 (11)：2681-2688.

[37] Chu C P，Tsai D G，Lee D J，et al. Size-dependent anaerobic digestion rates of flocculated acti-vated sludge：role of intrafloc mass transfer resistance [J] . Journal of environmental manage-ment，2005，76 (3)：239-244.

[38] Huang Y X，Guo J，Zhang C，et al. Hydrogen production from the dissolution of nano zero valent iron and its effect on anaerobic digestion [J] . Water Research，2016，88：475-480.

[39] 雷彩虹，孙颖，杨英. 絮凝剂聚丙烯酰胺对高固体污泥厌氧消化的影响 [J] . 工业安全与环保，2018，44 (01)：24-26.

[40] Xu Y，Dai X. Influence of organic-binding metals on the biogas conversion of sewage sludge [J]. Abstracts of Papers of the American Chemical Society，2018，255：568.

[41] 李慧婷. 典型纳米金属氧化物对厌氧颗粒污泥体系的影响及作用机制 [D]. 哈尔滨：哈尔滨工业大学，2017.

第5章
絮凝剂对污泥厌氧消化中
微生物生态的影响

- 无机絮凝剂对微生物生态的影响
- 有机絮凝剂对微生物生态的影响

污泥厌氧消化是一个由微生物驱动的过程,微生物的种类和丰度对污泥厌氧消化的进程至关重要。在污泥厌氧消化过程中,细菌微生物和古菌微生物对这一进程起着协同作用。例如,水解微生物群落可以分泌水解酶,把大分子物质降解为小分子物质,利于微生物利用,酸化微生物群体可以把氨基酸、单糖等小分子物质进一步分解产生乙酸、氢气等产甲烷菌可利用的形式,产甲烷菌可利用乙酸、氢气等产生甲烷供给人类生产生活所用。在污泥厌氧消化反应器中,除了上述微生物群落外,还有一些独特的微生物群落存在,如硫酸盐还原菌群,一方面与产甲烷菌进行基质上的竞争,硫化氢作为其代谢产物也会对产甲烷菌产生一定的毒害作用;另一方面硫酸盐还原菌的存在可以迅速将丙酸转化为乙酸供给产甲烷菌使用,从而减缓甚至消除反应器中的酸抑制,有利于甲烷的产生。不同微生物的群落丰度以及生态位的不同均会对污泥厌氧消化过程产生重大影响。因此,本章讨论在不同絮凝剂存在条件下污泥厌氧反应器中微生物生态的改变。

5.1 无机絮凝剂对微生物生态的影响

5.1.1 微生物多样性

图 5-1(a)展示了属分类水平上,空白污泥和 PAC 污泥的微生物共用情况,数据表明属水平上二者共用的细菌群落 OTUs 为 584 个,而独有的 OTUs 空白污泥占据 51 个,PAC 污泥占据 49 个。证明在污泥厌氧系统中,PAC 并没有对主流微生物结构进行改变,只有小部分不同。图 5-1(b)显示,在 20g/kg TS 的 PFS 反应器中,相较于空白反应器,物种丰度、均度以及多样性分别从 1800、5.767、0.063 降低到 1466、0.05 和 5.214。在 PFS 反应器中,所有细菌微生物均能在空白反应器中被发现,说明在厌氧消化系统中,PAC 和 PFS 的存在对微生物结构影响不大,但是对不同微生物群落丰度会造成影响。

5.1.2 水解、酸化微生物

为了更直观地反映出空白反应器和 PAC 反应器中微生物群落的差异,

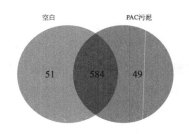

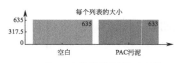

(a)含PAC污泥厌氧消化反应器

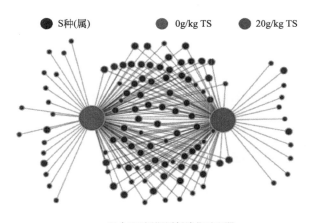

(b)含PFS污泥厌氧消化反应器

图 5-1 含 PAC 和 PFS 污泥厌氧消化反应器中基于微生物属
水平分类的维恩图[1, 2]（书后另见彩图）

进一步解析 PAC 的存在对微生物结构转换与系统消化产甲烷、中间代谢产物变化情况之间的关系，研究者将测序结果放在微生物属水平进行研究分析，获得了半连续厌氧反应器中细菌属分类水平下的群落结构柱状图（图5-2）。

高通量测序结果表明，在两个反应器中，主要存在的细菌门为绿弯菌门（Chloroflexi）、变形菌门（Proteobacteria）和拟杆菌门（Bacteroidetes），这是

污泥厌氧消化过程中残余
絮凝剂影响及调控

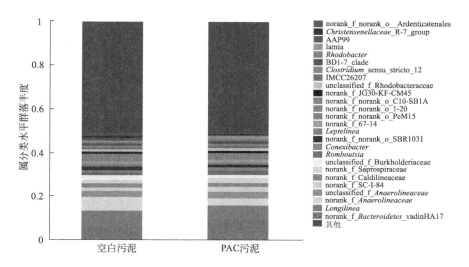

图 5-2　含 PAC 污泥和空白污泥厌氧消化反应器中属
水平细菌微生物群落柱状图（书后另见彩图）

厌氧反应器中的常见菌种。如图 5-2 所示，在属分类水平上两个反应器中主要
细菌的优势种类均为 *Longilinea*、norank_f_*Bacteroidetes_vadin*HA17、norank_
f_*Anaerolineaceae*、*Romboutsia* 和 AAP99，其中 *Longilinea* 和 norank_f__
Anaerolineaceae 属于绿弯菌门（Chloroflexi），norank_f__*Bacteroidetes_va-
din*HA17、*Romboutsia* 和 AAP99 分别属于拟杆菌门（Bacteroidetes）、厚壁菌
门（Firmicutes）和变形菌门（Proteobacteria）。但是其丰度各不相同。例如，
g_*Longilinea* 属于厌氧绳菌纲，是典型的产氢产酸菌，可以代谢多种碳水化
合物生成 SCFAs，主要产物为乙酸、甲酸、乳酸和氢气，与甲烷菌共培养时
能够促进其生长[3]。在空白反应器中占细菌微生物总数的相对丰度为 7.6%，
在 PAC 反应器中相对分度为 6.7%。norank_f__*Anaerolineaceae* 也是典型的产
酸菌，主要产物为小分子酸和二氧化碳，在空白反应器中相对丰度为 6.2%，
在 PAC 反应器中相对丰度为 3.2%，经常出现在富含石油和烃类化合物的环
境中，能够降解复杂有机物[4]。g_*Romboutsia* 是糖发酵产酸菌，能使用糖类
等碳源产生 SCFAs[4]，在空白反应器中相对丰度为 1.2%，在 PAC 反应器中
相对分度为 2.0%。这些结果说明 PAC 的存在改变了厌氧消化反应器中的细
菌群落结构，但对水解产酸细菌数目影响不大。

　　图 5-3 是利用旭日图的形式，对含有 PFS 的污泥厌氧消化反应器中微
生物群落进行分析。从图中可以看出，绿弯菌门（Chloroflexi）、拟杆菌门

（Bacteroidetes）和变形菌门（Proteobacteria）是含有 PFS 和不含 PFS 两个反应器中的主要门种类。反应器中主要的属是 *vadin* HA17 sp.、*Anaerolineaceae* _ norank sp. 和 *Longilinea* sp.，属于拟杆菌门（Bacteroidetes），与空白反应器相比，PFS 的加入，对其丰度影响很大。*Anaerolineaceae* _ norank sp. 和 *Longilinea* sp. 能够降解糖类，并与一些细菌和产甲烷古菌起协同作用，在 PFS 反应器中，降解率从 13.1％ 和 12.7％ 分别降低到 7.7％ 和 8.8％。其他微生物也显示出相似的趋势，如 *Anaerolineaceae* _ noclassified sp.、*Leptolinea* sp. 和 BD1-7-clade sp.，这些微生物能降解碳水化物，是水解酸化过程的主要参与菌群，在 PFS 存在的反应器中其丰度也存在不同程度的下降，这也意味着在厌氧消化反应器中，PFS 的存在会对水解酸化菌造成一定程度的抑制。整体来看，厌氧消化反应器中无机絮凝剂的存在，并不会对微生物群落结构有根本性的改变，但会对部分微生物丰

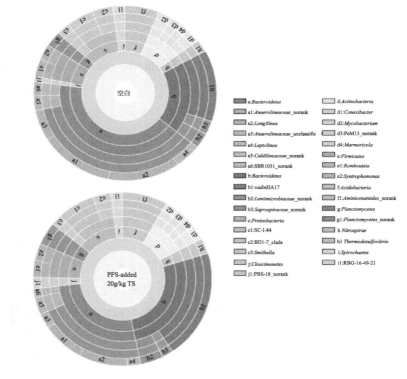

图 5-3　含 PFS 污泥和空白污泥厌氧消化反应器中属水平
细菌微生物群落旭日图（书后另见彩图）

度造成影响。PAC 和 PFS 的存在，能够对厌氧消化反应器中水解以及酸化微生物形成不同程度的抑制作用。

5.1.3　复杂有机物降解功能菌及其他菌种

在图 5-2 中，g＿norank＿f＿*Bacteroidetes_vadin*HA17 和 g＿AAP99 均被证明和难降解有机物的降解有关，在空白反应器中相对丰度分别为 6.1% 和 1.2%，在 PAC 反应器中相对分度为 9.4% 和 0.6%[5,6]。此外，在图 5-3 中，*vadin*HA17 sp. 在 PFS 反应器中含量为 20.3% 但是空白反应器中只有 13.2%，这可能是由于絮凝剂絮凝性能的影响所致。*Thermodesulfovibrio* sp. 属于能够还原反应器中的铁和硫酸盐的硝化螺旋菌门（Nitrospirae），在 PFS 反应器中其含量为 3.04%，但在空白反应器中只有 1.97%，这意味着 PFS 的存在能够刺激污泥厌氧消化反应器中的硫酸盐和铁的还原过程。

从以上分析可以看出，无论是铝系还是铁系絮凝剂与水解-酸化相关微生物均受到不同程度的抑制，但是降解难降解有机物以及复杂有机物的微生物群落丰度得到提升，例如 *vadin*HA17。这一现象可能和絮凝剂的絮凝性有关，由于絮凝效应的存在，使得颗粒聚集，有机质的可生化性下降。然而在这两种絮凝剂中，硫酸盐还原菌的表现正好相反，在 PAC 反应器中硫酸盐还原菌数量有一定程度的降低，但是在 PFS 反应器中其丰度得到明显的提升，这归结于 PFS 反应器中硫酸根和铁离子对硫酸盐还原菌的双刺激作用。

5.1.4　古菌

图 5-4 展示了半连续反应器中所有古菌属分类水平的系统发育树及的群落结构。空白反应器和 PAC 反应器中 OUT 数目分别为 1335 和 929，证明 PAC 对产甲烷菌有较为明显的抑制。高通量测序结果表明，在此微生物系统中，产甲烷微生物只有广古菌门（Euryarchaeota）存在。在属分类水平上，两个反应器中占主要优势的古菌均为 *Methanosaeta*、*Methanobacterium*、*Candidatus _ Methanofastidiosum*、norank _ norank _ *Methanomicrobiales*、*Methanospirillum* 和 *Methanobrevibacter*，可以很明显看出除了 *Methanobrevibacter* 之外，其他产甲烷菌空白反应器中的群落丰度均大于

PAC 反应器中的群落丰度。其中 *Methanosaeta* 是典型的乙酸产甲烷古菌，在空白反应器和 PAC 反应器中占古菌总数的比例分别为 42.2％和 32.8％[7]。*Methanobacterium* 是氢营养产甲烷菌，部分也可以利用甲酸来产甲烷，在空白反应器和 PAC 反应器中占古菌总数的比例分别为 29.8％和 29.5％。*Candidatus _ Methanofastidiosum* 被证明可以通过电子歧化和内部氢循环途径氧化 H_2/CO_2 同时储存能量的过程用于产甲烷[8,9]，在两个反应器中占古菌群落的百分比均为 1.0％，无显著差别。*Methanobrevibacter* 一般通过还原二氧化碳来产生甲烷，在空白反应器和 PAC 反应器中所占比例分别为 6.1％和 13.0％[10]。从以上分析可以看出，PAC 的存在改变了厌氧反应器中产甲烷古菌的结构。PAC 的存在一方面降低了产甲烷古菌的群落丰度，另一方面也使得利用二氧化碳途径产甲烷的古菌权重增加。这可能是由于 PAC 减少了乙酸产量，且在一定条件下有利于氢气产生，所以使得同型产甲烷古菌比重增加。

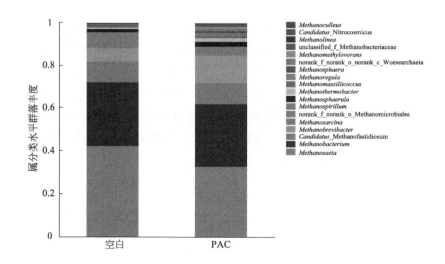

图 5-4 含 PAC 厌氧反应器中属分类水平古菌微生物群落柱状图（书后另见彩图）

图 5-5 为含有 PFS 厌氧消化反应器中属水平的古菌群落示意图，从图中可以看出，主要的产甲烷古菌为 *Methanosaeta* sp.、*Methanobacterium* sp.、*Candidatus _ Methanofastidiosum* sp. 和 *Methanolinea* sp.，在不含 FPS 的厌氧反应器中占比分别为 47.2％、21.9％、11.9％和 6.65％；在有

污泥厌氧消化过程中残余
聚凝剂影响及调控

PFS 存在的反应器中，氢营养型产甲烷菌 *Methanobacterium* sp.、*Candidatus _ Methanofastidiosum* sp. 和 *Methanolinea* sp.，丰度下降至 11.5%、7.83% 和 3.13%，乙酸营养型产甲烷菌 *Methanosaeta* sp.，在有 PFS 存在的条件下，其丰度从 47.2% 上升至 68.4%。能够使用氢气作为电子供体还原甲基化合物产生甲烷的甲基营养型古菌 *Woesearchaeia _ norank* sp.，丰度增加至 3.93%。这些结果表明在 PFS 存在的条件下，产甲烷途径从氢营养型向乙酸营养型转移。原因可能是：一方面是在絮体增大的环境中，气体传质阻力变大，抑制了氢营养型产甲烷菌的活性；另一方面是硫酸盐还原菌的存在，与氢营养型产甲烷菌形成基质竞争关系，抑制氢营养型产甲烷途径。

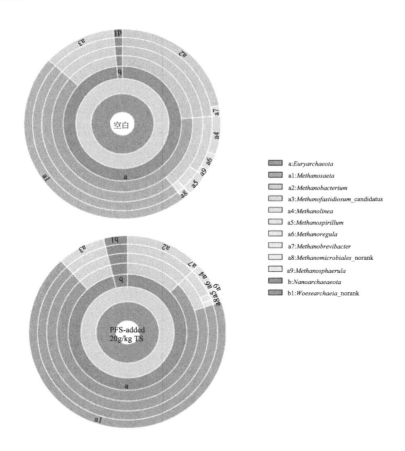

a:*Euryarchaeota*
a1:*Methanosaeta*
a2:*Methanobacterium*
a3:*Methanofastidiosum_candidatus*
a4:*Methanolinea*
a5:*Methanospirillum*
a6:*Methanoregula*
a7:*Methanobrevibacter*
a8:*Methanomicrobiales_norank*
a9:*Methanosphaerula*
b:*Nanoarchaeaeota*
b1:*Woesearchaeia_norank*

图 5-5　含有 PFS 厌氧消化反应器中属水平的古菌群落图（书后另见彩图）

从以上结果可以看出，厌氧反应器中絮凝剂的加入不会对古菌微生物群落结构造成重大影响，但是会使得其产甲烷途径发生偏移。在 PAC 絮凝剂中存在乙酸营养型产甲烷途径向氢营养型偏移的情况，但是在 PFS 里面则是氢营养型产甲烷途径大幅度向乙酸营养型途径转移。

5.2 有机絮凝剂对微生物生态的影响

5.2.1 微生物多样性

以 PAM 为例，图 5-6(a) 展示了在含有不同浓度 PAM 的厌氧消化反应器中基于 97% 相似度的 OTUs 细菌群落韦恩图和属水平上的 Network 网络分析图。可以发现，0g/kg、4g/kg 和 16g/kg 反应器中细菌群落 OTUs 分别有 1262 个、1204 个、1153 个，分别独有 194 个、107 个、68 个，三者共有 890 个（分别占 0g/kg、4g/kg 和 16g/kg 反应器中细菌群落 OTUs 的 70.5%、74.0%、77.2%）；另外，0g/kg 和 4g/kg 反应器共有 95 个 OUT，4g/kg 和 16g/kg 共有 112 个，0g/kg 和 16g/kg 共有 83 个，4g/kg 和 16g/kg 反应器中共有 287 个 0g/kg 反应器中不存在的新生 OUT。

图 5-6(b) 展示了 0g/kg、4g/kg 和 16g/kg 反应器中细菌群落在属分类水平上的 Network 网络结构图，其中，网络中节点代表样本节点与物种节点，样本节点与物种节点的连线代表样本中包含该物种（属分类水平）。可以发现，三个反应器中共用细菌种类（属水平）占 83.2%，各反应器中独有的细菌种类（属水平）分别为 0g/kg（8sp.）＞4g/kg（6sp.）＞16g/kg（4sp.），且 0g/kg 和 4g/kg 反应器中细菌种类在属水平上的相关性更加显著。这些结果说明，尽管 PAM 的存在降低了反应器中细菌物种的数目，但是三个反应器中共用的细菌物种占比 70% 以上。PAM 的存在降低了反应器中独有细菌的数量，且随着 PAM 剂量的增大降低程度更加显著；可以推测，0g/kg、4g/kg 和 16g/kg 反应器中共有的细菌物种可能为污泥常规性水解酸化菌，而 4g/kg 和 16g/kg 共有的 112 个细菌物种可能是具有降解 PAM 能力的细菌群体。

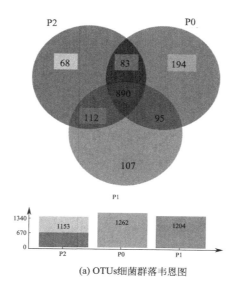

(a) OTUs细菌群落韦恩图

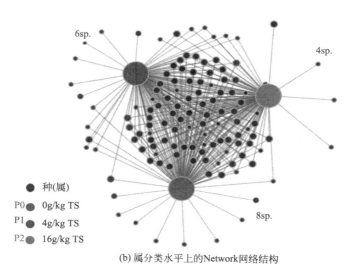

种(属)

P0 ● 0g/kg TS
P1 ● 4g/kg TS
P2 ● 16g/kg TS

(b) 属分类水平上的Network网络结构

图 5-6　不同浓度 PAM 反应器中基于 97%相似度的 OTUs 细菌群落韦恩图和
属分类水平上的 Network 网络结构　(书后另见彩图)

5.2.2　水解、酸化微生物

如图 5-7(a) 所示为不同 PAM 浓度下半连续厌氧反应器中前 10 优势细
菌系统发育树及属分类水平下群落结构。

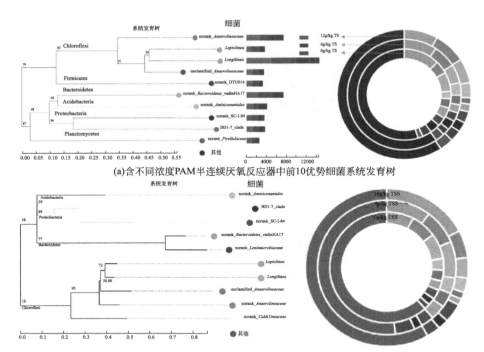

(a)含不同浓度PAM半连续厌氧反应器中前10优势细菌系统发育树

(b)含不同浓度壳聚糖半连续厌氧反应器中前10优势细菌系统发育树

图 5-7 含不同浓度 PAM 和壳聚糖半连续厌氧反应器中前 10 优势细菌系统发育树（书后另见彩图）

从图中可以发现，无论 PAM 是否存在，三个反应器中门分类水平上主要优势的细菌为绿弯菌门（Chloroflexi）、变形菌门（Proteobacteria）、拟杆菌门（Bacteroidetes）和厚壁菌门（Firmicutes）。在属分类水平上，三个反应器中主要优势的细菌均为 *Longilinea*、*Anaerolineaceae*_norank 和 *Bacteroidetes*_vadinHA17，分别归属于绿弯菌门（Chloroflexi）、绿弯菌门（Chloroflexi）和拟杆菌门（Bacteroidetes），但这 3 种优势菌在三个反应器中具有不同的相对丰度。例如 *Longilinea*，被报道可以代谢多种碳水化合物生成短链脂肪酸、与甲烷菌共培养时促进其生长[11]，在 0g PAM/g TSS 反应器中的相对丰度为 12.5%，在 6g PAM/g TSS 和 12g PAM/g TSS 反应器中分别降低为 9.4% 和 8.2%；*Bacteroidetes*_vadinHA17，在厌氧消化过程中扮演降解蛋白质生产短链脂肪酸的角色[12]，在 0g PAM/g TSS 反应器中的相对丰度为 6.8%，在 6g PAM/g TSS 和 12g PAM/g TSS 反应器中分别降低至 5.4% 和 6.0%。这些结果说明了 PAM 的存在改变了厌氧消化反应器中的细菌群落结构，使得参与污泥水解-酸化的菌属相对丰度降低，即 PAM

的存在降低了污泥中参与厌氧产甲烷体系的有机底物或者中间代谢产物（如溶解性蛋白质、多糖，短链脂肪酸等）的数量或浓度。

图 5-7（b）是含有不同天然高分子絮凝剂壳聚糖条件下的厌氧半连续反应器中属水平上的优势中的系统发育树，从图中可以看出，反应器中主要的属为 vadinHA17 sp.、*Anaerolineaceae* sp. 和 *Longilinea* sp.，其中 norank _ *Anaerolineaceae* sp. 和 *Longilinea* sp. 是一种能够降解多糖的典型互营养微生物，在壳聚糖浓度为 4g/kg TSS 反应器中，丰度从空白反应器中的 7.2% 和 6.9% 增加到 8.4% 和 8.8%。这意味着壳聚糖在一定浓度范围内可以使得细菌和产甲烷古菌的互营养微生物占比增高，有利于不同微生物之间的基质传递。这也意味着天然絮凝剂和合成絮凝剂对微生物的影响有所区别。

5.2.3　复杂有机物降解功能菌

微生物 *Anaerolineaceae*_norank，经常出现在富含石油和烃类化合物的环境中、被证明能够降解复杂有机物[13,14]，如图 5-7（a）所示在空白反应器中的相对丰度为 4.5%，在 6g PAM/g TSS 和 12g PAM/g TSS 反应器中分别升高为 6.7% 和 7.8%。此外，微生物 *Aminicenantales*_norank，被报道具有降解复杂有机物如半纤维素的功能，在空白反应器中的相对丰度为 2.7%，在 6g PAM/g TSS 和 12g PAM/g TSS 反应器中分别升高为 3.7% 和 3.8%；而菌属如 BD1_7_clade、*Leptolinea*、*Anaerolineaceae*_noclassified 以及 SC_I_84_norank 等，被证明在产甲烷生物系统中具有降解碳水化合物（如葡萄糖）或其他细胞材料（如氨基酸）生产短链脂肪酸作用[15]，在含有 PAM 厌氧消化反应器中的相对丰度均比空白反应器低。在含壳聚糖的厌氧消化反应器中，与 PAM 类似的是，拥有降解难降解和复杂性有机物性能的属 vadinHA17 sp.，在空白反应器中占比为 7.7%，但是当壳聚糖浓度升高到 4g/kg TSS 和 16g/kg TSS 时 vadinHA17 sp. 占比增加到 10.5% 和 17.4%［图 5-7（b）］。

与无机絮凝剂情况类似，存在有机絮凝剂的厌氧消化反应器中参与降解复杂有机物的菌属相对丰度提高，这些菌属丰度的提高一方面由于絮凝性导致，另一方面可能参与了厌氧消化过程中有机高分子絮凝剂的降解活动。

5.2.4　古菌

5.2.4.1　古菌多样性

图 5-8(a) 展示了含有 PAM 厌氧消化反应器中基于 97% 相似度的 OTUs 古菌群落韦恩图和属水平上的 Network 网络分析图。可以发现，0g

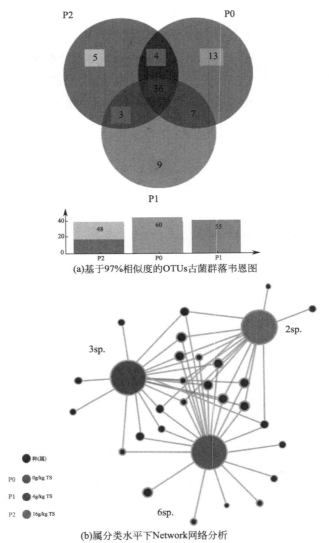

(a)基于97%相似度的OTUs古菌群落韦恩图

(b)属分类水平下Network网络分析

图 5-8　基于 97% 相似度的 OTUs 古菌群落韦恩图和
属分类水平下 Network 网络分析（书后另见彩图）

　污泥厌氧消化过程中残余
絮凝剂影响及调控

PAM/g TSS、6g PAM/g TSS 和 12g PAM/g TSS 反应器中古菌群落 OTUs 分别有 60 个、55 个、48 个，分别独有 13 个、9 个、5 个，三者共有 36 个（分别占 0g PAM/g TSS、6g PAM/g TSS 和 12g PAM/g TSS 反应器中古菌群落 OTUs 的 60.0%、65.5%、75.0%）；另外，0g PAM/g TSS 和 6g PAM/g TSS 反应器共有 7 个 OUT，6g PAM/g TSS 和 12g PAM/g TSS 共有 3 个，0g PAM/g TSS 和 12g PAM/g TSS 共有 4 个，6g PAM/g TSS 和 12g PAM/g TSS 反应器中共有 17 个空白反应器中不存在的新生 OUT。

图 5-8(b) 展示了 0g PAM/g TSS、6g PAM/g TSS 和 12g PAM/g TSS 反应器中古菌群落在属分类水平上的 Network 网络结构图，可以发现，与图 5-6 中韦恩图结果相似，三个反应器中共用古菌种类（属水平）占 65.9%，各反应器中独有的古菌种类（属水平）分别为 0g PAM/g TSS（6sp.）＞6g PAM/g TSS（3sp.）＞12g PAM/g TSS（2sp.），且 0g PAM/g TSS 和 6g PAM/g TSS 反应器中古菌种类在属水平上的相关性更加显著。这些结果说明，尽管 PAM 的存在降低了反应器中古菌物种的数目，但是三个反应器中共用的古菌物种占比 60% 以上，比细菌中共用的物种少一些，原因可能是与细菌群相比古菌对环境的改变或有毒物质更敏感。PAM 的存在降低了反应器中独有古菌的数量，且随着 PAM 剂量的增大降低程度更加显著；可以推测，0g PAM/g TSS、6g PAM/g TSS 和 12g PAM/g TSS 反应器中共有的古菌物种可能为污泥常规性产甲烷菌。

5.2.4.2 对古菌群落结构的影响

图 5-9(a) 展示了含不同浓度 PAM 半连续厌氧反应器中前 10 优势古菌系统发育树及属分类水平下的群落结构，可以发现，无论 PAM 是否存在，三个反应器中门分类水平上仅有广古菌门（Euryarchaeota）存在。据报道，广古菌门包含了古菌中的大多数种类，包括了经常能在厌氧消化系统中发现的产甲烷菌。在属分类水平上，三个反应器中主要优势的古菌均为 *Methanosaeta*、*Methanobacterium*、*Candidatus_Methanofastidiosum* 和 *Methanolinea*，但这 4 种优势菌在三个反应器中具有不同的相对丰度。例如，甲烷鬃毛菌属（*Methanosaeta*），古菌系中少有的能够通过裂解乙酸、还原甲基碳产甲烷的菌属，在 0g PAM/g TSS 反应器中的相对丰度为 47.5%，在 6g PAM/g TSS 中为 46.1%，在 12g PAM/g TSS 中增加至 59.8%；甲烷

杆菌属（*Methanobacterium*），可以通过甲基营养型和还原二氧化碳途径产甲烷[8]，在 0g PAM/g TSS 反应器中的相对丰度为 9.5%，在 6g PAM/g TSS 和 12g PAM/g TSS 中分别提高为 18.9% 和 13.1%；*Candidatus-Methanofastidiosum* 被证明可以通过电子歧化和内部氢循环途径氧化 H_2/CO_2 同时储存能量的过程产甲烷[8,9]，在 0g PAM/g TSS 反应器中的相对丰度为 9.6%，在 6g PAM/g TSS 中提高为 11.7%，在 12g PAM/g TSS 中降低至 7.2%；而甲烷绳菌属（*Methanolinea*），是一种氢营养型产甲烷菌[16]，在 0g PAM/g TSS 反应器中的相对丰度为 17.4%，在 6g PAM/g TSS 和 12g PAM/g TSS 中分别降低为 10.7% 和 8.5%。此外，通过还原二氧化碳途径产甲烷的菌属如 *Methanobrevibacter*、*Methanospirillum*、*Methanomicrobiales-norank*，以及以 H_2/甲胺类物质为底物的隶属于产甲烷古菌的 *Methanomassiliicoccus*，在 6g PAM/g TSS 和 12g PAM/g TSS 反应器中的相对丰度均比 0g PAM/g TSS 中的低[6]；以甲基营养途径产甲烷的菌属如 *Methanoregula*，在三个反应器中无明显差别。这些结果说明 PAM 的存在改变了厌氧消化反应器中的古菌群落结构，剂量为 6g/kg TSS 的 PAM 对乙酸营养型甲烷菌的相对丰度无影响，但是诱导还原二氧化碳途径向同时具有甲基营养和还原二氧化碳的产甲烷途径转移；剂量为 12g/kg TSS 的 PAM 诱导还原二氧化碳途径向乙酸营养产甲烷途径转移。可能的原因是尽管 PAM 的存在降低了污泥中参与厌氧产甲烷体系的短链脂肪酸特别是乙酸的浓度，但是对以氢为底物的产甲烷途径抑制更严重，即厌氧体系中氢气的传递抑制更为明显。

图 5-9(b) 展示了含不同浓度壳聚糖半连续厌氧反应器中前 10 优势古菌系统发育树及属分类水平下的群落结构。由图可知，*Methanosaeta* sp.、*Methanobacterium* sp.、*Candidatus _ Methanofastidiosum* sp. 和 *Methanolinea* sp. 是 4 个占比最大的古菌属，在空白反应器中占比分别为 33.6%、24.5%、12.3% 和 6.7%，4g/kg TSS 和 16g/kg TSS 壳聚糖的存在使得乙酸营养型产甲烷菌 *Methanosaeta* sp. 占比增加到 52.9% 和 48.2%，但是减少了还原二氧化碳的产甲烷菌的占比（*Candidatus _ Methanofastidiosum* sp.、*Methanobacterium* sp. 和 *Methanolinea* sp.），壳聚糖对于 *Methanosaeta* sp. 的促进可能归结于对于还原二氧化碳产甲烷菌的减少。

以上实验结果表明，PAM 和壳聚糖絮凝剂均可以诱导还原二氧化碳途径向乙酸营养产甲烷途径转移。

污泥厌氧消化过程中残余
絮凝剂影响及调控

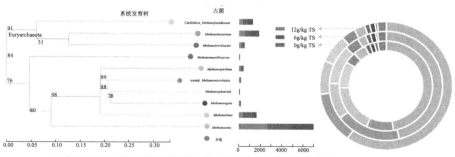

(a) 含不同浓度PAM半连续厌氧反应器中前10优势古菌系统发育树

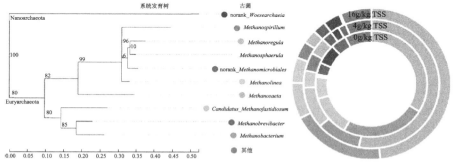

(b) 含不同浓度壳聚糖半连续厌氧反应器中前10优势古菌系统发育树

图 5-9　含不同浓度 PAM 和壳聚糖半连续厌氧反应器
中前 10 优势古菌系统发育树（书后另见彩图）

参考文献

［1］　Liu X R，Wu Y X，Xu Q X，et al. Mechanistic insights into the effect of poly ferric sulfate on anaerobic digestion of waste activated sludge［J］. Water Research，2021，189：116645.

［2］　伍艳馨. 聚合氯化铝对污泥厌氧过程的影响机理与调控研究［D］. 长沙：湖南大学，2020.

［3］　刘旭冉. 聚丙烯酰胺对剩余污泥厌氧消化过程影响行为的解析与调控［D］. 长沙：湖南大学，2019.

［4］　None. Manual of British Water Engineering Practice.（3rd ed.）by W. O. Skeat［J］. Journal，1963，55（11）：86.

［5］　Luensmann V，Kappelmeyer U，Benndorf R，et al. In situ protein-SIP highlights Burkholderi-aceae as key players degrading toluene by para ring hydroxylation in a constructed wetland model

［J］. Environmental Microbiology，2016，18（4）：1176-1186.

［6］ 徐丹妮. 温度对蚯蚓处理城镇污泥过程微生物群落结构的影响［D］. 兰州：兰州交通大学，2017.

［7］ Patel G B，Sprott G D. Methanosaeta concilii gen. nov.，sp. nov.（"Methanothrix concilii"）and Methanosaeta thermoacetophila nom. rev.，comb. nov［J］. International journal of systematic bacteriology，1990，40：79-82.

［8］ 方晓瑜，李家宝，芮俊鹏，等. 产甲烷生化代谢途径研究进展［J］. 应用与环境生物学报，2015，21（01）：1-9.

［9］ 王昊昱，陶彧，任南琪. 底物类型对产甲烷效能及微生物群落结构的影响［J］. 哈尔滨工业大学学报，2016，48（02）：9-14.

［10］ Rosenzweig A，Ragsdale S W. Methods in methane metabolism［M］. Methods in methane metabolism，2011.

［11］ Wu Y，Wang D，Liu X，et al. Effect of Poly Aluminum Chloride on Dark Fermentative Hydrogen Accumulation from Waste Activated Sludge［J］. Water Research，2019，153（APR. 15）：217-228.

［12］ Wang Y，Wang D，Liu Y，et al. Triclocarban enhances short-chain fatty acids production from anaerobic fermentation of waste activated sludge［J］. Water Research，2017，127（dec. 15）：150.

［13］ Liu X，Xu Q，Wang D，et al. Unveiling the mechanisms of how cationic polyacrylamide affects short-chain fatty acids accumulation during long-term anaerobic fermentation of waste activated sludge［J］. Water Research，2019，155（MAY 15）：142-151.

［14］ Wang DB，Zhang D，Xu QX，et al. Calcium peroxide promotes hydrogen production from dark fermentation of waste activated sludge［J］. Chemical Engineering Journal，2019，355：22-30.

［15］ Duan X，Wang X，Xie J，et al. Effect of nonylphenol on volatile fatty acids accumulation during anaerobic fermentation of waste activated sludge［J］. Water Research，2016，105（n15）：209-217.

［16］ Tian T，Qiao S，Yu C，et al. Distinct and diverse anaerobic respiration of methanogenic community in response to MnO2 nanoparticles in anaerobic digester sludge［J］. Water Research，2017，123（oct. 15）：206.

第6章
含絮凝剂污泥厌氧
消化过程的调控

- 预处理调控
- 过程调控

总的来说，由于絮凝剂本身的絮凝性，厌氧消化反应器中絮凝剂的存在会增加反应器的传质阻力，因此对厌氧消化产生不利影响，不同预处理手段能对含絮凝剂污泥进行调控，减缓其在厌氧消化过程的抑制作用。传统的物理、化学等预处理方法（如热预处理、微波预处理、超声预处理和碱性预处理等）不仅可以促进污泥絮体或细胞壁的破裂，加速污泥的水解过程，从而缩短厌氧消化时间、提高甲烷产量[1]；同时可以对污泥絮凝剂本身结构或作用基团产生破坏，从而提高它们在厌氧消化过程中的降解。常用的调控手段可分为物理调控、化学调控以及联合技术。

除了预处理调控外，不同反应条件下絮凝剂的表现也各不相同，如三价铁絮凝剂在足够长的停留时间里能够被还原成二价铁，使得已产生的絮体发生解体，因此对于厌氧消化反应条件的控制也是对含有絮凝剂污泥厌氧消化过程调控的手段之一。

6.1 预处理调控

6.1.1 物理预处理

物理调控是基于污泥的物理特性，通过加热、微波、超声[2]等物理手段破坏污泥结构，使更多的大分子物质，如蛋白质、碳水化合物和脂类等释放出来，增加水解菌可利用的底物，进而促进水解，提高污泥厌氧消化效率。

（1）热处理技术

热处理技术起源于 19 世纪 30 年代，最初通过去除微生物细胞内部的间隙水提高污泥的脱水性能；70 年代应用于改善污泥厌氧消化性能。温度是厌氧消化过程中影响微生物活性和可生化性的主要因素之一。污泥热处理常用温度范围为 60～270℃，但温度高于 180℃时生成的难降解物质使污泥厌氧消化性能下降，根据常用的温度范围（60～180℃）可将热预处理技术分为低温热处理（60～100℃）、中温热处理（100～130℃）和高温热处理（130～180℃）三类。目前研究较多、应用较广的污泥热处理法可提高污泥可生化性的机理：污泥中的微生物在外部热源的热辐射作用下，蛋白质会迅速水解而使细胞壁破裂，使胞内的有机物释放出来，在热预处理过程中污泥中的有机物会被分解掉，并且使污泥的挥发性组分大幅度减少，大颗粒污泥絮凝体中的结合水被脱除，对污泥絮体和细胞的解体有积极的影响。

（2）微波预处理技术

微波预处理在过去几十年广泛应用于科学研究和实际工程污泥处理，已被证明可有效分解污泥絮体和细胞壁，具有加热迅速、病原体破坏率高、易于处理、无需化学添加、总体成本低等优点，被认为是一种很有前景的方法。在微波预处理时，污泥被置于密闭压力容器内进行微波辐射，快速均匀的加热物质，从而使细胞裂解，且能显著提高污泥厌氧消化产气量和COD去除率。

（3）超声预处理技术

超声预处理利用超声波（20～100MHz）的空化效应、热解作用和自由基反应对污泥进行处理，其中起主要作用的为空化效应。超声波作用于液相时会产生空化作用，当一定强度的超声波作用于液体时，液体中会产生大量气泡再瞬间破灭，利用超声波的声能可以瞬间形成高温高压的条件，迫使细胞壁被瞬间击破将细胞质中的有机物释放出来，达到分解污泥絮体，加快厌氧消化进程的作用。超声波预处理效果主要受声能密度、强度、作用时间、污泥性质等因素的影响。该技术具有反应条件温和、成本低、自动化程度高、污泥降解速度快、使用范围广、工程应用灵活等优点。

6.1.1.1 热预处理

（1）热预处理对含无机絮凝剂污泥厌氧消化的强化作用

图 6-1(a) 为热预处理后空白污泥和 PAC 污泥的上清液三维荧光图。可以发现，在预处理后的污泥上清液中均有 3 个主峰（Peak A、Peak B 和 Peak C）。在热预处理的空白反应器中和 PAC 污泥中均发现了 Peak A、Peak B 和 Peak C 的存在，证明热预处理对有机物的溶出有良好的促进作用。但是在 PAC 反应器中，3 个峰的荧光强度都显著低于空白反应器对应的荧光强度。证明热预处理虽然对有机物溶出有一定提升功能，并不能完全抵消 PAC 对污泥溶出的抑制效应。与之对应的是不同反应器中甲烷累积产量，从图 6-1(b) 中可以看出，与空白污泥相比，PAC 污泥的产甲烷潜力普遍小于空白污泥，但通过预处理手段可以使其有一定程度的提升。且和

未预处理污泥相比，预处理污泥的产甲烷潜力和水解速率都有一定程度的提升。在一级动力学拟合中，空白污泥和 PAC 污泥的产甲烷潜力分别为 (209.6±1.3)mL CH$_4$/g VS 和 （186.8±1.4)mL CH$_4$/g VS，在经过热预处理后空白和 PAC 污泥的产甲烷潜力分别上升至 （245.8±9.4)mL CH$_4$/g VS 和 （203.2±6.0)mL CH$_4$/g VS，均有了较为明显的提升，但是 PAC 污泥的产甲烷潜力仍小于空白污泥，并不能完全消除其抑制。

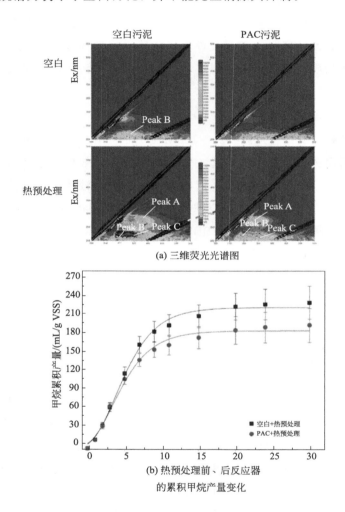

(a) 三维荧光光谱图

(b) 热预处理前、后反应器
的累积甲烷产量变化

图 6-1　30mg/g TSS PAC 污泥和空白污泥热预处理后污泥上清液三维荧光光谱图
以及热预处理前后反应器的累积甲烷产量 (书后另见彩图)

污泥厌氧消化过程中残余
絮凝剂影响及调控

（2）热预处理对含有机絮凝剂污泥厌氧消化的强化作用

图 6-2(a)、(b) 展示了水热处理前后含 cPAM 污泥中的甲烷累积量。实验结果表明，反应开始前 12d，所有样品中都能迅速产生生物气体，且在水热预处理之前不同浓度 cPAM 样品中甲烷产量没有明显差异（$P>0.05$）。当残余 cPAM 的污泥样品经过水热预处理时，0mg cPAM/g TS 和 10mg cPAM/g TS 样品累积甲烷产量分别为 127.0mL CH_4/g TS 和 130.3mL CH_4/g TS，相对来说 20mg cPAM/g TS 样品中甲烷产量更高，为 138.9mL CH_4/g TS[3]。

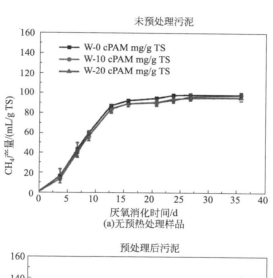

(a)无预热处理样品

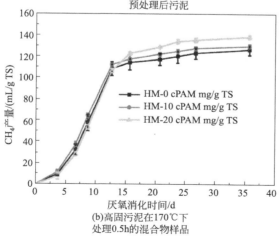

(b)高固污泥在170℃下
处理0.5h的混合物样品

图 6-2

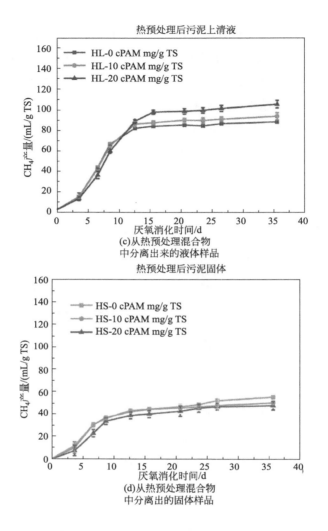

图 6-2　不同剂量 cPAM 在高固污泥厌氧消化过程中的甲烷累积产量

　　在一定温度和压力下进行的水热处理可以有效地破坏有机废物并提高污泥的生物降解性[4]。图 6-2(c)、(d) 显示了不同浓度 cPAM 在水热处理后污泥固相和液相的甲烷累积量。发现污泥中的 cPAM 主要增加水热处理后的液相甲烷产量（17mL CH$_4$/g TS）。这表明水热处理可以很好地破坏污泥并在一定程度上降解浓缩在 WAS 中的 cPAM。此外，cPAM 的可生物降解产物主要渗入液相，作为碳源增加甲烷产量[4]。阳离子聚丙烯酰胺溶液在经过 170℃，0.5h 热预处理后，产甲烷量从原来的 26mL/g COD 提升到 267mL/g COD（PAM 本身的产甲烷潜力为 350mL/g COD）。

上述结果表明，给予一定条件的热预处理时有机高分子絮凝剂本身能作为产甲烷基质得以利用。热预处理不仅可以实现对含有机絮凝剂厌氧过程的调控，甚至由于自身的基质作用还可以作为碳源促进甲烷产生[3]。

6.1.1.2　超声预处理

（1）超声预处理对含无机絮凝剂污泥厌氧消化的影响

研究表明，较低的有机物溶出率和水解率是限制污泥厌氧消化的主要原因之一。且 PAC 由于其絮凝性，会进一步阻碍污泥的溶出和水解。从图6-3(a) 中可以看出，空白反应器和 PAC 反应器中，其溶解性 COD 的浓度分别为（1060±40）mg COD/L 和（588±120）mg COD/L。污泥溶出受限，可能是污泥厌氧产甲烷较低的原因之一。而超声预处理对空白反应器中的 COD 浓度提升明显，为空白的 2.0 倍，对 PAC 反应器的 COD 浓度提升效果较弱，仅为空白反应器中的 1.16 倍。

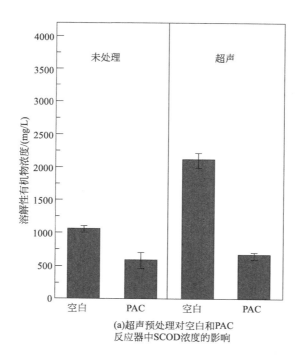

(a)超声预处理对空白和PAC
反应器中SCOD浓度的影响

图 6-3

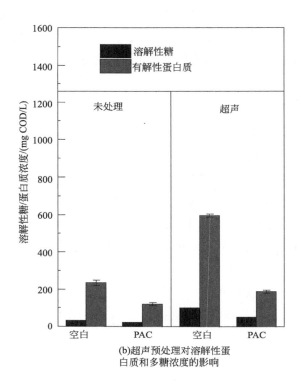

(b)超声预处理对溶解性蛋白质和多糖浓度的影响

图 6-3　超声预处理对空白和 PAC 反应器中 SCOD 浓度、溶解性蛋白质和多糖浓度的影响

糖和蛋白质是污泥降解中的主要有机物,也是 SCOD 的主要组成部分。图 6-3(b) 展示了空白污泥和 PAC 污泥中溶解蛋白质和多糖的浓度。可以发现,未预处理的空白反应器中溶解性多糖和溶解性蛋白质浓度分别为 (32.99±0.68)mg COD/L 和 (235.31±13.69)mg COD/L,未预处理的 PAC 反应器中糖和蛋白质的浓度分别为 (21.46±1.68)mg COD/L 和 (121.42±2.35)mg COD/L。而超声预处理中,空白反应器和 PAC 反应器中溶解性糖的浓度分别为未预处理的 2.98 倍和 2.27 倍,溶解性蛋白质的浓度分别为未预处理反应器的 2.52 倍和 1.51 倍。超声预处理可以促进空白污泥的溶出效应,但是对 PAC 污泥的增溶效应不明显。

PAC 是 20 世纪 60 年代末在传统铝盐基础上发展而来的无机高分子絮凝剂。PAC 絮凝剂由于其高效低毒的特点,在工业废水和生活污水的处理中有广泛应用。在污水处理过程中,污泥对各类污染物进行浓缩,不可避免把 PAC 累积到污泥中。据报道,在污泥中铝含量浓度可达 5～30mg Al/g

TSS[5]。随着污水处理和排放相关标准的提升，污泥运输、处理处置等对污泥脱水性能要求越来越高，PAC 在污泥中的含量将可能进一步提升[6]。

图 6-4 为产甲烷的一级动力学拟合曲线。通过拟合，可以得出产甲烷的两个动力学参数，即水解速率 k 和产甲烷潜力 B_0。从图 6-4 中可以发现，与空白污泥相比，PAC 污泥的产甲烷潜力普遍小于空白污泥，但通过预处理手段可以使其有一定程度的提升。且和未预处理污泥相比，预处理污泥的产甲烷潜力和水解速率都有一定程度的提升。在一级动力学拟合中，空白污泥和 PAC 污泥的产甲烷潜力分别为（209.6±1.3）mL CH_4/g VS 和

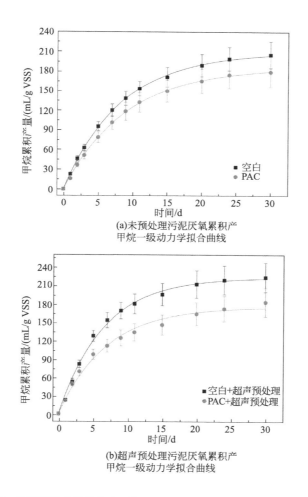

(a)未预处理污泥厌氧累积产
甲烷一级动力学拟合曲线

(b)超声预处理污泥厌氧累积产
甲烷一级动力学拟合曲线

图 6-4　厌氧累积产甲烷的未预处理和超声预处理的一级动力学拟合曲线

(186.8±1.4)mL CH$_4$/g VS，在超声预处理中空白污泥的产甲烷潜力从 (209.6±1.3)mL CH$_4$/g VS 上升至 (222.7±3.5)mL CH$_4$/g VS，然而 PAC 污泥的产甲烷潜力并没有显著变化，这也许是由于污泥经过 PAC 絮凝后絮体更为紧密，因此细胞对超声损害的抵抗性增强。可能由于 PAC 对产甲烷相关微生物的潜在毒性，因此并没有提升污泥厌氧过程的甲烷产量。

(2) 超声预处理对含有机絮凝剂污泥厌氧消化的影响

图 6-5 为使用 0.33W/mL 超声强度对含有 cPAM 的污泥进行 20min 的超声预处理后厌氧消化的影响，实验结果显示，含有絮凝剂的污泥与空白污泥甲烷产量均得到显著提升。比较有意思的现象是，含有 PAM 的污泥在超声后其产甲烷量超过了未含 PAM 的污泥。扫描电镜发现超声预处理后的絮凝污泥，相对于超声预处理后不含絮凝剂的污泥有更疏松的结构，因此显示出更高的产甲烷能力[7]。

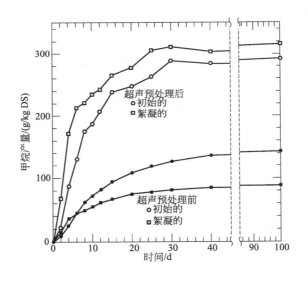

图 6-5　超声预处理前后 cPAM 污泥的累积产甲烷量

6.1.1.3　微波预处理

CST 这一指标通常用于快速测试污泥过滤性和状态，能够间接反映污泥絮体中溶解性有机物含量（呈正比）以及絮体粒径大小（成反比）情况[8]。图 6-6(a) 展示了各组经过微波预处理后 PAM 絮凝污泥的 CST 值。可以发现，微波预处理引起了 PAM 絮凝污泥 CST 的升高。经过 4min、

污泥厌氧消化过程中残余
絮凝剂影响及调控

8min、12min、16min 的微波预处理，PAM 絮凝污泥的 CST 值分别达到了 (82±4)s、(109±4)s、(135±5)s、(160±6)s，而对照组中该值仅为 (42±4)s，间接表明了微波预处理破坏了 PAM-污泥絮体或导致了有机物的释放。

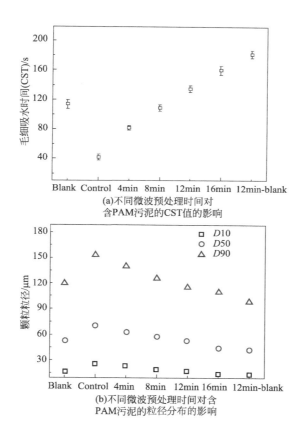

(a)不同微波预处理时间对
含PAM污泥的CST值的影响

(b)不同微波预处理时间对含
PAM污泥的粒径分布的影响

图 6-6　不同微波预处理时间对含 PAM 污泥的 CST 值以及粒径分布的影响

图 6-6(b) 展示了经过微波预处理后各组 PAM 絮凝污泥的粒径分布情况。可以发现，经过微波预处理，PAM 絮凝污泥的粒径（包括 $D10$、$D50$、$D90$）均比对照组的小，说明微波预处理有效地打破了 PAM-污泥絮体。此外，当微波预处理时间增加至 12min 或者 16min，PAM 絮凝污泥的粒径均比空白组的低。例如，经过 12min 和 16min 微波预处理的 PAM 絮凝污泥 $D50$ 分别为 $52.72\mu m$ 和 $44.38\mu m$，而空白组的污泥样品 $D50$ 为 $53.60\mu m$。这些结果表明 12min 或者更久的微波预处理不仅有效地打破了 PAM-污泥絮

体，而且破坏了污泥本身，有利于固相或胞内/胞外中的有机物释放至液相中。

从图 6-7（a）中可以发现，微波预处理有效地提高了有机物的溶出[9,10]。随着微波预处理时间由 0min 提高到 16min，SCOD 的浓度由（292±13）mg COD/L 线性地增加到（6830±250）mg COD/L（$Y=282.0+419.8X$，$R^2=0.98$）。SCOD/TCOD 值经常被用于评价污泥的破解程度，图 6-7（a）中展示了预处理后各组中 SCOD/TCOD 值情况。可以看出，经过 0min、4min、8min、12min、16min 的微波预处理，PAM 絮凝污泥的 SCOD/TCOD 值分别为 0.008、0.059、0.094、0.166、0.196。这些结果可能归因于微波预处理诱导出的热和生物作用导致污泥胞外聚合物或细胞的破解。前期有多项研究均发现微波预处理能够显著提高污泥 SCOD 的原因主要是微波辐射破坏了污泥胞外聚合物以及细胞，使得胞外以及胞内有机物由固相释放至液相中。

图 6-7（b）展示了经过不同微波辐射时间（4min、8min、12min、16min）后 PAM 絮凝污泥中溶解性蛋白质和多糖的浓度。可以发现，经过 4min、8min、12min、16min 的微波预处理，PAM 絮凝污泥的溶解性蛋白质浓度分别是对照组的 7.1 倍、10.8 倍、15.9 倍、21.6 倍，溶解性多糖浓度分别达到对照组的 5.0 倍、8.3 倍、14.1 倍、17.8 倍。与 SCOD 溶出情况相似，较长的微波辐射时间有利于更多有机物如蛋白质和多糖的溶出。图 6-7（c）展示了微波预处理后 PAM 絮凝污泥上清液中溶解性磷酸根和氨氮浓度的变化情况。可以发现，溶解性磷酸根（PO_4^{3-}-P）和氨氮（NH_4^+-N）浓度的变化情况与 SCOD 和溶解性蛋白质（多糖）保持了一致。此外，与经过 12min 微波预处理的原污泥相比，经过 12min 微波预处理的 PAM 絮凝污泥上清液中溶解性氨氮浓度高很多［（520±30）mg/L/（383±22）mg/L］，说明经过微波预处理，除了有机底物水解，PAM 絮凝污泥中的 PAM 也发生了降解，释放了部分氨氮。

经微波预处理和未处理的 PAM 絮凝污泥厌氧消化的累积甲烷产量如图 6-8（a）所示。可以发现，PAM 的存在显著的抑制了污泥厌氧消化甲烷产量。经过 30d 的厌氧消化，含有 12g/kg TSS 的 PAM 的絮凝污泥（Control）累积甲烷产量仅为（110.5±5.2）mL/g VS，与空白组［Blank，（164.2±7.5）mL/g VS］相比受到了 32.7% 的抑制。经过微波预处理，PAM 絮凝污泥产甲烷量显著提高。例如，经过 4min、8min、12min 的微波

污泥厌氧消化过程中残余
絮凝剂影响及调控

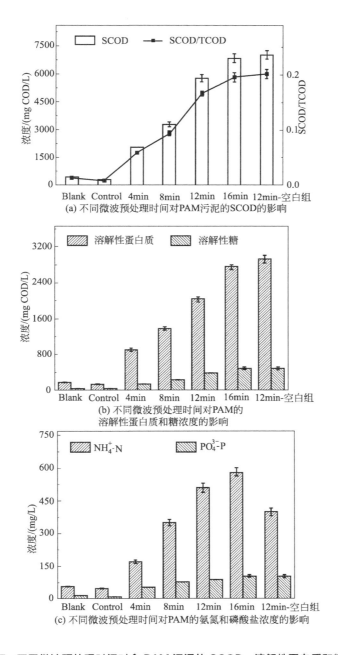

(a) 不同微波预处理时间对PAM污泥的SCOD的影响

(b) 不同微波预处理时间对PAM的
溶解性蛋白质和糖浓度的影响

(c) 不同微波预处理时间对PAM的氨氮和磷酸盐浓度的影响

图 6-7　不同微波预处理时间对含 PAM 污泥的 SCOD、溶解性蛋白质和糖浓度
以及氨氮和磷酸盐浓度的影响

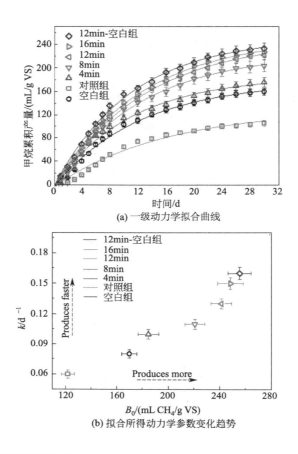

(a) 一级动力学拟合曲线

(b) 拟合所得动力学参数变化趋势

图 6-8 不同微波预处理时间 (4min、 8min、 12min、 16min) 对 PAM 絮凝污泥厌氧消化累积甲烷产量的影响一级动力学拟合曲线以及拟合所得动力学参数变化趋势[11]

辐射，PAM 絮凝污泥最终甲烷产量分别提高到 (180.1 ± 7.4) mL/g VS、(211.7 ± 8.6) mL/g VS、(227.4 ± 9.2) mL/g VS，分别是对照组 (Control) 的 163.0%、191.6%、205.8%。然而，微波辐射时间从 12min 提高到 16min 并未进一步提高 PAM 絮凝污泥最终甲烷产量 ($P=0.3604>0.05$)。这一结论与前期多项研究结论一致[12,13]，即长时间的微波辐射并不一定能提高污泥厌氧消化最终甲烷产量。同时，经过微波预处理的 PAM 絮凝污泥最终甲烷产量均比原污泥（即空白组）高，说明微波预处理不仅破坏了 PAM 对厌氧消化的抑制作用，而且进一步提高了污泥本身的甲烷产量。

从图 6-8(b) 中可以发现，与对照组相比，经过微波预处理的 PAM 絮凝污泥产甲烷速率更快，产量更高。微波预处理时间从 4min 提高到 8min、12min、16min，PAM 絮凝污泥的水解速率 k 逐渐从 (0.10 ± 0.005) d^{-1} 提高到 (0.11 ± 0.005) d^{-1}、(0.13 ± 0.005) d^{-1}、(0.15 ± 0.006) d^{-1}，产甲烷潜力逐渐从 (185.7 ± 6.4)mL/g VS 提高到 (221.9 ± 7.5)mL/g VS、(242.5 ± 8.0)mL/g VS、(249.5 ± 8.2)mL/g VS，而对照组仅分别为 (0.06 ± 0.004) d^{-1} 和 (123.1 ± 3.3)mL/g VS。这些结果表明，微波预处理不仅提高了 PAM 絮凝污泥甲烷潜力，而且提高了 PAM 絮凝污泥厌氧消化的水解速率。微波预处理对含有有机絮凝剂的污泥厌氧消化有明显促进作用。

6.1.2 化学预处理

碱预处理是较常用的化学预处理方法，其机理是利用强碱物质 [NaOH、Ca(OH)$_2$ 等] 溶解脂类物质使污泥固体细胞裂解，在污泥中加碱能够促进污泥中硝化纤维的溶解，将其转变成为可溶性有机化合物，同时碳水化合物和蛋白质水解成小分子物质，促进脂类和蛋白质的水解[14]，提高 SCOD 的含量，改善污泥的消化性能，提高污泥厌氧消化效率。

碱预处理的优点主要体现在：

① 处理过程简单易行，提高有机物去除率、产气量和产气中的甲烷含量；

② 提高污泥水解速率，改善污泥厌氧消化性能，缩短厌氧消化周期。

（1）碱预处理对含无机絮凝剂污泥厌氧消化的影响

在碱预处的空白反应器中和 PAC 污泥中均发现了 Peak A、Peak B 和 Peak C 的存在，证明碱预处理对有机物的溶出有良好的促进作用。但是在 PAC 反应器中，3 个峰的荧光强度都显著低于空白反应器对应的荧光强度 [图 6-9(a)]。证明碱预处理虽然对有机物溶出有一定提升功能，并不能完全抵消 PAC 对污泥溶出的抑制效应。研究表明，碱预处理能破坏 EPS 结构，释放胞内有机物，因此提升了污泥的厌氧过程[15]。同时，较高的酸碱度具有溶解细胞壁、细胞膜的效果。在一级动力学拟合中，空白污泥和 PAC 污泥的产甲烷潜力分别为 (209.6 ± 1.3)mL CH$_4$/g VS 和 (186.8 ± 1.4)mL CH$_4$/g VS，在经过碱预处理后空白和 PAC 污泥的产甲烷潜力分别上升至 245.9mL CH$_4$/g VS 和 209.7mL CH$_4$/g VS [图 6-9(b)]。

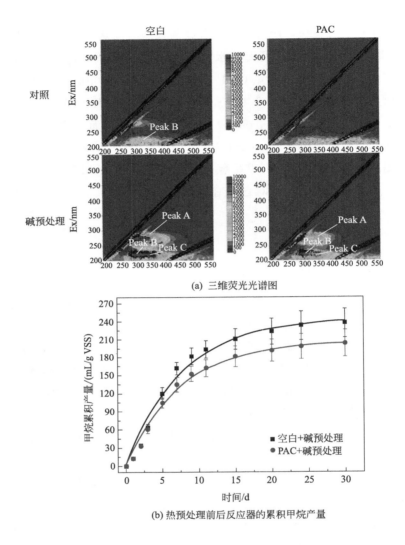

(a) 三维荧光光谱图

(b) 热预处理前后反应器的累积甲烷产量

**图 6-9　30mg/g TSS PAC 污泥和空白污泥碱预处理后污泥上清液三维荧光光谱图
以及热预处理前后反应器的累积甲烷产量（书后另见彩图）**

（2）碱预处理对含有机絮凝剂污泥厌氧消化的影响

图 6-10（a）展示了经过碱预处理后各组 PAM 絮凝污泥的粒径分布情况。可以发现，经过碱预处理，PAM 絮凝污泥的粒径（包括 $D10$、$D50$、$D90$）均比对照组的小，说明碱预处理有效的打破了 PAM-污泥絮体。此外，当碱预处理时间增加至 12d 或者更久，PAM 絮凝污泥的粒径均比空白组的低。例如，经过 12d 和 16d 碱性水解预处理的 PAM 絮凝污泥 $D50$ 分别

　污泥厌氧消化过程中残余
絮凝剂影响及调控

为 48.73μm 和 41.66μm，而空白组的污泥样品 $D50$ 为 54.72μm。这些结果表明 12d 或者更久的碱预处理不仅有效地打破了 PAM-污泥絮体，而且破坏了污泥本身，有利于固相或胞内/胞外中的有机物释放至液相中，与图 6-10（b）中预处理增加的溶解性有机物趋势一致。

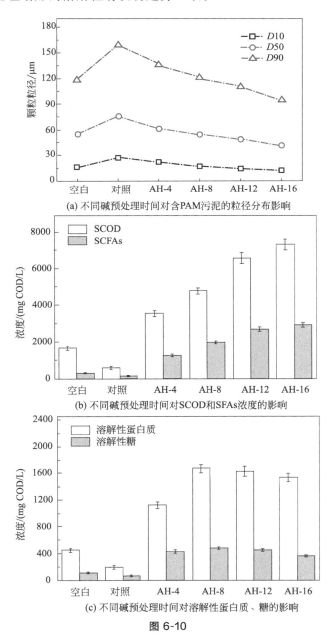

(a) 不同碱预处理时间对含PAM污泥的粒径分布影响

(b) 不同碱预处理时间对SCOD和SFAs浓度的影响

(c) 不同碱预处理时间对溶解性蛋白质、糖的影响

图 6-10

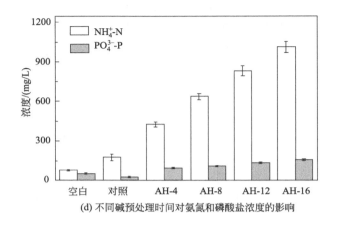

(d) 不同碱预处理时间对氨氮和磷酸盐浓度的影响

图 6-10　不同碱预处理时间对含 PAM 污泥的粒径分布 SCOD 和 SCFAs 浓度、
溶解性蛋白质和糖浓度以及氨氮和磷酸盐浓度的影响

图 6-10(b) 展示了不同碱预处理时间对 PAM 絮凝污泥的 SCOD 和 SC-FAs 溶出情况的影响，可以看出，经过 12d 的发酵后（不控制 pH 值），空白组与对照组中 SCOD 和短链脂肪酸浓度分别为 (1650 ± 95)mg COD/L 和 (320 ± 20)mg COD/L 与 (580 ± 80)mg COD/L 和 (100 ± 12)mg COD/L，证明了 PAM 的存在抑制了污泥厌氧发酵过程中有机物水解和酸化阶段。但是经过碱预处理，PAM 絮凝污泥的有机物溶出量显著增加。随着碱预处理时间由 0d 提高到 16d，SCOD 的浓度由 (580 ± 80)mg COD/L 逐渐增加到 (7320 ± 295)mg COD/L，SCFAs 的浓度由 (100 ± 12)mg COD/L 逐渐增加到 (2930 ± 120)mg COD/L。这些结果说明碱预处理破坏了 PAM 絮凝污泥胞外聚合物或细胞，使得胞外/胞内有机物由固相释放至液相中，且在碱性水解过程中这些大分子有机物被厌氧发酵菌利用转化为可被产甲烷菌直接或间接利用的短链脂肪酸。

图 6-10(c) 展示了经过不同碱预处理时间（4d、8d、12d、16d）后 PAM 絮凝污泥中溶解性蛋白质和多糖的浓度。可以发现，经过 4d、8d、12d、16d 的碱预处理，PAM 絮凝污泥的溶解性蛋白质浓度分别是对照组的 5.7 倍、8.4 倍、8.2 倍、7.7 倍，溶解性多糖浓度分别达到对照组的 7.0 倍、7.8 倍、7.5 倍、6.0 倍。与 SCOD 和 SCFAs 浓度变化情况不同，随着碱预处理时间的延长溶解性蛋白质和多糖的浓度先升高后降低，在第 8 天时达到最大。造成这

污泥厌氧消化过程中残余
絮凝剂影响及调控

种结果的原因可能是释放到液相中的大分子有机物如蛋白质和多糖在碱性水解过程中被厌氧发酵微生物利用转化为短链脂肪酸。图 6-10(d) 展示了碱预处理后 PAM 絮凝污泥上清液中溶解性磷酸根（PO_4^{3-}-P）和氨氮（NH_4^+-N）浓度的变化情况。可以发现，溶解性磷酸根和氨氮浓度的变化情况与 SCOD 和 SCFAs 浓度的变化保持了一致。此外，与 12d 碱性水解预处理相比，经过 16d 碱性水解预处理的 PAM 絮凝污泥上清液中溶解性磷酸根无显著提高（$P>0.05$），而溶解性氨氮浓度有显著提高[（1020±36）mg/L 和（840±30）mg/L]，说明经过碱预处理，除了有机底物发生水解和酸化，絮凝污泥中的 PAM 也发生了降解，释放了部分氨氮。

上述结果表明，利用碱性环境对 PAM 絮凝污泥进行预处理，促使污泥中有机物的溶出和水解为后续厌氧消化提供更多的可生物降解的底物[5]。

图 6-11 展示了经过碱预处理和未处理的 PAM 絮凝污泥厌氧消化累积产甲烷情况。可以发现，PAM 的存在显著的抑制了污泥厌氧消化甲烷产量。经过 26d 的厌氧消化，含有 12g/kg TSS 的 PAM 的絮凝污泥（对照）累积甲烷产量仅为 （98.5±4.0）mL/g VS，与空白组［Blank，（164.8±6.7）mL/g VS］相比受到了 40.2% 的抑制。经过碱预处理，PAM 絮凝污泥产甲烷量显著提高。例如，经过 4d、8d、12d 的碱预处理，PAM 絮凝污泥最终甲烷产量分别提高到 （178.8±8.3）mL/g VS、（220.6±9.5）mL/g VS、（246.1±9.5）mL/g VS，分别是对照组（Control）的 181.5%、224.0%、249.9%。然而，碱预处理时间从 12d 提高到 16d 后，最终甲烷产量虽然有轻微提高，但并不显著（P ＝0.1835＞0.05）。同时，经过碱预处理的 PAM 絮凝污泥最终甲烷产量均比原污泥（即空白组）高，说明碱预处理不仅破坏了 PAM 对厌氧消化的抑制作用，而且进一步提高了污泥本身的甲烷产量。

进一步研究发现，经过碱预处理的 PAM 絮凝污泥产甲烷速率更快、产量更高。碱预处理时间从 4d 提高到 8d、12d、16d，PAM 絮凝污泥的水解速率 k 逐渐从 （0.135±0.005）d^{-1} 提高到 （0.174±0.006）d^{-1}、（0.197±0.007）d^{-1}、（0.204±0.007）d^{-1}，产甲烷潜力逐渐从 （180.8±8.2）mL/g VS 提高到 （220.1±8.5）mL/g VS、（246.6±7.8）mL/g VS、（254.5±9.4）mL/g VS，而对照组仅分别为 （0.109±0.007）d^{-1} 和 （107.2±7.0）mL/g VS。这些结果表明碱性预处理提高 PAM 絮凝污泥最终甲烷产量不仅是通过提高 PAM 絮凝污泥产甲烷潜力得到的，而且还提高了 PAM 絮凝污泥厌氧消化的水解速率。

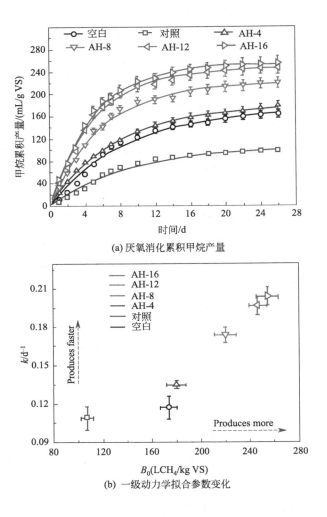

(a) 厌氧消化累积甲烷产量

(b) 一级动力学拟合参数变化

图 6-11　碱预处理污泥厌氧消化累积甲烷产量及一级动力学拟合参数变化

以上结果表明，碱预处理对含有有机高分子絮凝剂污泥的厌氧消化有良好的促进效果。

6.1.3　联合预处理

各种预处理法均存在一定的局限性，采用单一的某种预处理法可能很难达到预期的效果。大量的研究表明，将不同预处理技术联合使用，可以充分利用各自的优势，促进污泥溶解，加快水解速率，提高厌氧消化过程的产气量。

热处理对污泥的破解作用有限，而碱处理对污泥有较好的破解效果，但强碱性条件会对后续的水解产酸和厌氧产气过程有抑制作用。碱处理能破坏细胞壁结构，降低其对温度的抵抗力，增大污泥破解率。将热处理与碱处理联合使用能充分利用各自的优势。

污泥经过热碱处理后，微生物絮体解体，微生物细胞破解，细胞的有机质被释放出来并进一步水解[6]，因此污泥性质也相应发生了变化。热-碱联合预处理可以改善污泥的脱水性能，提高生物除磷效果，提高污泥的厌氧消化性能以及厌氧生物产气量[16] 实现污泥的减量化。

（1）热-碱预处理对 PAM 絮凝污泥厌氧消化的影响

图 6-12 展示了热-碱预处理条件下 PAM 絮凝污泥厌氧消化累积产甲烷情况。可以发现，PAM 的存在显著的抑制了污泥厌氧消化甲烷产量。经过 36d 的厌氧消化，含有 12g/kg TSS 的 PAM 的絮凝污泥累积甲烷产量仅为 (99.2 ± 4.8)mL/g VS，与空白组 ［Blank，原污泥，(162.5 ± 8.2)mL/g VS］相比受到了 38.8％的抑制。与对照组相比，单独热处理 （75.5℃） 和碱处理 （pH＝11.0） 都显著地提高了 PAM 絮凝污泥最终甲烷产量，分别提高至 (145.3 ± 7.4)mL/g VS 和 (157.6 ± 8.8)mL/g VS。然而，当热-碱预处理相结合时 （75.5℃，pH＝11.0），PAM 絮凝污泥最终甲烷产量进一步提高。可以发现，热-碱联合预处理后的 PAM 絮凝污泥最终甲烷产量达到了 (211.0 ± 10.8)mL/g VS，分别是对照组单独热处理和单独碱处理的 2.13 倍、1.45 倍和 1.34 倍，是空白组的 1.29 倍。这些结果说明，热-碱预处理不仅减轻了 PAM 对污泥厌氧消化的影响，并且进一步提高了污泥本身的甲烷产量[17]。

为了进一步阐述出热-碱预处理对 PAM 絮凝污泥产甲烷的作用，采用一级动力学模型对图 6-12(a) 中的累积甲烷产量实验数据进行了拟合分析。通过拟合，可以得出产甲烷过程的两个动力学参数，即水解速率 k 和产甲烷潜力 B_0。从图 6-12(b) 中可以清楚地发现，与对照组相比，经过热-碱预处理后的 PAM 絮凝污泥产甲烷速率更快 ［水解速率从 (0.122 ± 0.006) d^{-1} 提高到 (0.187 ± 0.009) d^{-1}］，产量更高 ［产甲烷潜力逐渐从 (100.5 ± 4.5) 提高到 $(210.8\pm9.3$mL/g VS$)$。

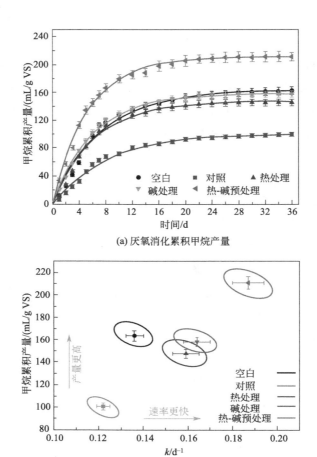

(a) 厌氧消化累积甲烷产量

(b) 一级动力学拟合获得的参数变化

**图 6-12　热-碱预处理 PAM 絮凝污泥厌氧消化累积甲烷产量及
一级动力学拟合获得的参数变化（书后另见彩图）**

　　这些结果可以通过批次实验反应器中参与产甲烷过程的关键酶活性进一步证实。因此，对参与厌氧消化产甲烷过程中的蛋白酶（protease）、乙酸激酶（AK），辅酶 F420 以及酰胺酶（amidase）4 种关键酶活性进行比较，结果如图 6-13 所示。可以发现，经过预处理后反应器中这 4 种关键酶活性与对照组相比都显著提高（$P < 0.05$）。与空白组相比，热-碱预处理反应器中 4 种关键酶活性均高一些，这说明联合预处理提高了厌氧消化过程中水解、酸化以及甲烷化过程。

污泥厌氧消化过程中残余
絮凝剂影响及调控

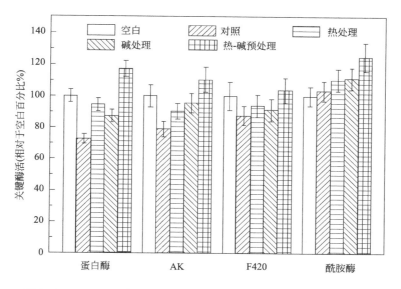

图 6-13　含 PAM 厌氧消化反应器中与甲烷产量相关的关键酶活性情况

（2）热-碱预处理对 PAM 絮凝污泥理化性质的影响

热-碱预处理的目的之一就是提高 PAM 絮凝污泥中有机物的溶出。从图 6-14（a）可以发现，未预处理且仅在 25℃下放置 17.5h 的原污泥和 PAM 絮凝污泥 SCOD 分别为 960mg/L 和 510mg/L，其中 SCFAs 分别占 SCOD 的 3.4％和 2.8％。经热-碱预处理后，PAM 絮凝污泥 SCOD 浓度和 SCFAs 占比分别提升为 6430mg/L 和 12.2％。

蛋白质和多糖作为污泥的主要成分，在本研究中含量占污泥 TCOD 的 50.5％[18]。图 6-14（b）展示了经预处理后 PAM 絮凝污泥中溶解性蛋白质和多糖的浓度。可以发现，溶解性蛋白质和多糖浓度的变化趋势与图 6-14（a）中 SCOD 浓度变化一致。此外，对预处理后 PAM 絮凝污泥在后续 36d 厌氧消化过程中的减量情况进行了评估，发现空白组的污泥减量仅为 17.2％，而热-碱预处理组的污泥减量达到了 36.1％。

为了进一步揭示热-碱预处理对 PAM 絮凝污泥物化性质的影响，对热-碱预处理后样品粒径分布和黏度等指标进行了测试分析，结果如图 6-14（c）所示。可以发现，经过热-碱预处理，PAM 絮凝污泥的粒径显著降低，经过热-碱预处理的 PAM 絮凝污泥的中位粒径为 50.1μm，而空白组样品的中位粒径为 53.9μm，这表明热-碱预处理不仅有效的打破了 PAM 污泥絮体，而且破坏了污泥本身，有利于固相或胞内/胞外中的有机物释放至液相中。黏度的变化

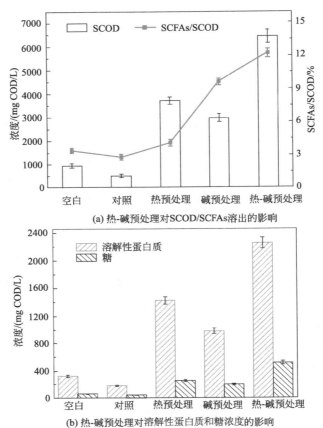

(a) 热-碱预处理对SCOD/SCFAs溶出的影响

(b) 热-碱预处理对溶解性蛋白质和糖浓度的影响

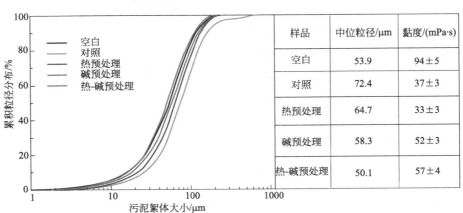

样品	中位粒径/μm	黏度/(mPa·s)
空白	53.9	94±5
对照	72.4	37±3
热预处理	64.7	33±3
碱预处理	58.3	52±3
热-碱预处理	50.1	57±4

(c) 热-碱预处理对污泥絮体的粒径分布和黏度的影响

图 6-14　热-碱预处理对 PF-WAS 的 SCOD/SCFAs 溶出、溶解性蛋白质和糖浓度
以及污泥絮体的粒径分布和黏度的影响

趋势与中位粒径一致。经过热-碱预处理，PAM 絮凝污泥的黏度从（37±3）mPa·s 增加到（57±4)mPa·s，这可能是由于热-碱预处理造成了污泥中有机物的大量溶出而使得 PAM 絮凝污泥更加黏稠。此外，PAM 絮凝污泥在经过热-碱预处理后比表面积随着絮体粒径降低而显著提高，为后续厌氧消化过程中有机物和微生物提供了更好的接触条件，从而增强厌氧消化过程[19]。

6.2 过程调控

除了对含絮凝剂的污泥进行各类预处理外，对厌氧消化反应器的过程调控也是行之有效的手段，例如对于无机絮凝剂，反应器中 pH 值的变化会显著影响药剂的絮凝性能，从而影响基质的传质阻力。对于有机絮凝剂，不同温度和停留时间使得微生物对絮凝剂的降解度也会有所影响，从而对厌氧反应器中基质的利用造成影响。因此，对于厌氧消化反应过程的调控也是对含絮凝剂污泥调控的重要组成部分。

6.2.1 反应条件控制

6.2.1.1 温度

据报道，在高温（51℃）厌氧消化时 PAM 可以使得已经酸化的反应器中产甲烷菌重新构建，从而提升反应器产甲烷效应[20]。此外，研究发现，在丙烯酰胺含量较低的高温（55℃）厌氧消化中，PAM 的碳链更容易被裂解，PAM 的降解效率更高；此外，高温厌氧消化还能够促进污泥中有机物的释放。因此，在高温厌氧消化下能够进一步提高甲烷的产量。

6.2.1.2 酸碱度

无机絮凝剂属于强酸弱碱盐，若含量过高可能造成反应器酸化从而抑制产甲烷，此种情况下，对反应器的碱度进行合理控制也可以对反应器性能进行调控。如图 6-15 所示，厌氧消化反应器中，反应伊始，由于含铝絮凝剂的添加导致生物气产量迅速降低；在第三阶段，由于 15mg/L 氢氧化钠的加入，对反应器的碱度形成有效补充，从而使得反应器中产气量迅速恢复[21]。

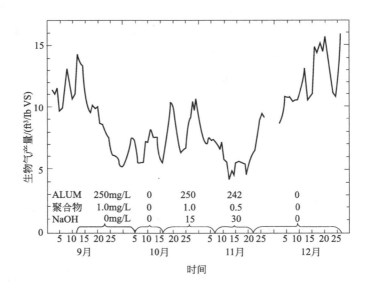

图 6-15　长期运行的污泥厌氧消化反应器中不同药剂添加时生物气的产生情况

6.2.2　时间控制

6.2.2.1　污泥停留时间

　　有部分研究人员指出，由于有机絮凝剂本身的降解性，污泥基质刚进入反应器时，在反应前期絮凝剂会对基质产生絮凝效应，对传质产生阻碍；随着反应的持续进行，有机絮凝剂被降解，其抑制效应会逐渐减弱甚至消失，因此适当延长污泥在反应器中的停留时间也可以对含有机絮凝剂的污泥厌氧消化进行有效的调控[20]。

6.2.2.2　污泥驯化时间

　　污泥驯化时间也可能对含絮凝剂污泥的厌氧消化效能产生影响。研究表明，半连续反应器中，反应伊始，不同浓度 PAC 对甲烷产生均有抑制（图 6-16），然而在 125d 后 1000mg/L 浓度下产甲烷的抑制得以解除[21,22]。如图 6-16 所示，当反应时间增加到 125d 后，含有絮凝剂的污泥其有机物的降解率逐渐趋于空白污泥[21,22]。此结果表明污泥微生物经过长时间的环境适应后，也可能减弱甚至消除厌氧消化过程中由于絮凝剂存在引起的抑制。

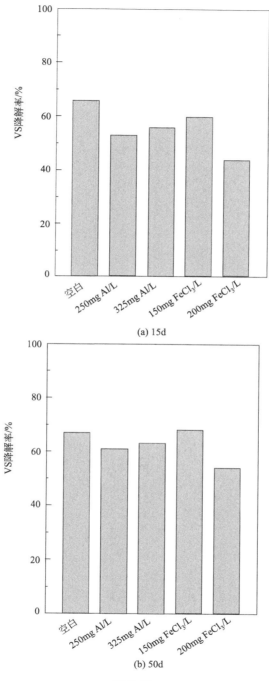

(a) 15d

(b) 50d

图 6-16

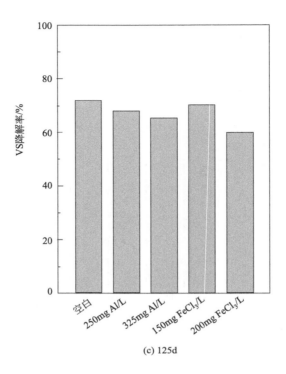

(c) 125d

图 6-16 厌氧消化时间对 VS 降解的影响

参考文献

[1] Wang D B，Zhang D，Xu QX，et al. Calcium peroxide promotes hydrogen production from dark fermentation of waste activated sludge [J]. Chemical Engineering Journal，2019，355：22-30.

[2] Xin F，Deng J，Lei H，et al. Dewaterability of waste activated sludge with ultrasound conditioning [J]. Bioresource Technology，2009，99（3）：1074-1081.

[3] Chen H，Chen Z，Nasikai M，et al. Hydrothermal pretreatment of sewage sludge enhanced the anaerobic degradation of cationic polyacrylamide（cPAM）[J]. Water Research，2021，190（8）：116704.

[4] Suárez-Iglesias O，Urrea J L，Oulego P，et al. Valuable compounds from sewage sludge by thermal hydrolysis and wet oxidation. A review [J]. Science of The Total Environment，2017，584-585：921-934.

[5] Liu X, Fu Q, Liu Z, et al. Alkaline pre-fermentation for anaerobic digestion of polyacrylamide flocculated sludge: Simultaneously enhancing methane production and polyacrylamide degradation [J] . Chemical Engineering Journal, 2021, 425: 131407.

[6] Kim J, Yu Y, Lee C. Thermo-alkaline pretreatment of waste activated sludge at low-temperatures: Effects on sludge disintegration, methane production, and methanogen community structure [J] . Bioresource Technology, 2013, 144: 194-201.

[7] Chu C P, Lee D J, Chang B V, et al. " Weak" ultrasonic pre-treatment on anaerobic digestion of flocculated activated biosolids [J] . Water research, 2002, 36 (11): 2681-2688.

[8] Xiao K, Chen Y, Jiang X, et al. Characterization of key organic compounds affecting sludge dewaterability during ultrasonication and acidification treatments [J] . Water Research, 2016, 105: 470-478.

[9] Liu X, Xu Q, Wang D, et al. Unveiling the mechanisms of how cationic polyacrylamide affects short-chain fatty acids accumulation during long-term anaerobic fermentation of waste activated sludge [J] . Water Research, 2019, 155: 142-151.

[10] Wang D, Liu X, Zeng G, et al. Understanding the impact of cationic polyacrylamide on anaerobic digestion of waste activated sludge [J] . Water Research, 2018, 130: 281-290.

[11] Liu X R, Xu Q X, Wang D B, et al. Microwave pretreatment of polyacrylamide flocculated waste activated sludge: Effect on anaerobic digestion and polyacrylamide degradation [J] . Bioresource Technology, 2019, 290: 121776.

[12] Nabi M, Zhang G, Zhang P, et al. Contribution of solid and liquid fractions of sewage sludge pretreated by high pressure homogenization to biogas production [J] . Bioresource Technology, 2019, 286: 121378.

[13] Wang Q, Jiang G, Ye L, et al. Enhancing methane production from waste activated sludge using combined free nitrous acid and heat pre-treatment [J] . Water Research, 2014, 63: 71-80.

[14] Yuan H, Chen Y, Zhang H, et al. Improved bioproduction of short-chain fatty acids (SCFAs) from excess sludge under alkaline conditions [J] . Environmental Science & Technology, 2006, 40 (6): 2025.

[15] Shao L M, Wang X Y, Xu H C, et al. Enhanced anaerobic digestion and sludge dewaterability by alkaline pretreatment and its mechanism [J] . Journal of Environmental Sciences, 2012, 24 (10): 1731-1738.

[16] Rani R U, Kumar S A, Kaliappan S, et al. Low temperature thermo-chemical pretreatment of dairy waste activated sludge for anaerobic digestion process [J] . Bioresource Technology, 2012, 103 (1): 415-424.

[17] Liu X, Xu Q, Wang D, et al. Thermal-alkaline pretreatment of polyacrylamide flocculated waste activated sludge: Process optimization and effects on anaerobic digestion and polyacrylamide degradation [J] . Bioresource Technology, 2019, 281: 158-167.

[18] Xu Q, Liu X, Wang D, et al. Free ammonia-based pretreatment enhances phosphorus release and recovery from waste activated sludge [J]. Chemosphere, 2018, 213: 276-284.

[19] Dai X, Xu Y, Dong B. Effect of the micron-sized silica particles (MSSP) on biogas conversion of sewage sludge [J]. Water Research, 2017, 115: 220-228.

[20] Litti Y, Nikitina A, Kovalev D, et al. Influence of cationic polyacrilamide flocculant on high-solids' anaerobic digestion of sewage sludge under thermophilic conditions [J]. Environmental Technology, 2019, 40 (9): 1146-1155.

[21] Gossett J M, Mccarty P L. Anaerobic Digestion of Sludge from Chemical Treatment [J]. Water Environment Federation, 1978, 50 (3): 533-542.

[22] Yu Z, Song Z, Wen X, et al. Using polyaluminum chloride and polyacrylamide to control membrane fouling in a cross-flow anaerobic membrane bioreactor [J]. Journal of Membrane Science, 2015, 479: 20-27.

污泥厌氧消化过程中残余
絮凝剂影响及调控

第7章
结论与趋势分析

- 结论
- 优势及问题分析
- 趋势分析

7.1 结论

目前，絮凝剂在污泥厌氧处理过程中的行为和影响已经被大量研究，相关作用机制和调控方法也得到了部分揭示。然而，到目前为止还没有人系统地总结以及批判性地思考絮凝剂在污泥厌氧处理系统中的影响行为和作用机制。

本书系统性地阐述各类絮凝剂的功能和特性，以及其在城镇污水-污泥处理系统中的使用与分布情况，以絮凝剂在厌氧消化系统中的迁移转化为切入点，发现无机絮凝剂和有机絮凝剂在厌氧消化系统中，随着反应的进行，均存在相态迁移以及形态转化，其迁移转化对污泥厌氧消化过程均可能造成影响。进一步研究结果表明，由于絮凝剂本身絮凝特性的存在，绝大部分絮凝剂对污泥厌氧消化过程均存在不同程度的抑制，但抑制效应有所不同，例如无机高分子絮凝剂随着絮凝剂浓度的升高，抑制效果越明显，其抑制程度从大到小分别为 PFS＞PAC＞PFC。本书论述残余絮凝剂对污泥厌氧消化过程的影响行为与作用机理，结果显示，相对于低分子絮凝剂，高分子絮凝剂由于其强的吸附架桥和网捕卷扫作用，对污泥厌氧消化的溶出等中间生化过程产生了更为严重的抑制；此外，絮凝剂的絮凝效应、絮凝剂加入引起系统环境 pH 值的改变、反应过程中絮凝剂的水解或代谢产物，均是其对污泥厌氧消化抑制效果产生的原因。然后，本书进一步阐述了絮凝剂对微生物生态的影响，结果表明，厌氧消化系统中絮凝剂的存在，除了可以使得水解、酸化以及产甲烷微生物丰度下降以外，由于其团聚作用，还可以强化系统中复杂有机物降解功能菌的生长，占据比空白反应器中更有利的生态位；此外，就聚合硫酸铁而言，由于硫酸根离子和铁元素的双重强化作用，体系内硫酸盐还原菌也会有一定程度的增殖。基于以上研究，提出了厌氧消化过程的调控方案，综合利用物理、化学以及生物手段，结合不同的絮凝剂特性，采用合适的调控方案对含絮凝剂污泥厌氧消化系统进行有针对性的调控，可以弱化甚至消除由于絮凝剂存在所产生的抑制效应。

7.2 优势及问题分析

随着我国经济迅速发展，城镇化水平不断提升，污水排放量也日益增加。作为城市生活污水流入自然环境前的最后一道屏障，城市生活污水处理厂在保护全球环境（特别是水环境）的过程中起着非常重要的作用。据报道，截至 2021 年年底，全国共建成城镇污水处理厂 2827 座，相应的污水处理日容量达 20767 万立方米[1]。污水处理能力的增加，极大地改善了我国的水环境质量，也减少了水资源的浪费，为国家实现减排和污染控制目标，做出了巨大的贡献[2,3]。据统计，我国的污水处理厂中，85% 以上主体工艺为活性污泥法，作为此工艺的副产物，剩余污泥在污水处理过程中被大量产生[4]。按照每处理 1 万吨生活污水产生污泥含水率 80% 污泥 5～8t 计算，我国 2018 年城市污水日处理能力为 18145 万吨，污泥产量为 3311 万～5298 万吨，以每年 10% 的增长速度，2020～2025 年间我国污泥年产量将突破 6000 万吨[5]。

随着世界能源与资源危机日益加剧，全球对剩余污泥的认识也发生了从"污染物"到"资源与能源库"的巨大转变。但是，由于我国长期以来"重水轻泥"现象严重，污泥处理并没有同步跟上污水处理速度，污泥处理形势十分严峻。文献报道，截至 2017 年，虽然我国 90% 的污水处理厂实现了污泥脱水减量化处理，但实现污泥稳定化的污水处理厂不足 3%，大部分污泥没有进行稳定化处理直接进行填埋，只有不到 20% 的污泥得到安全的处理处置[5]。在实际应用中，综合考虑处理成本、环境效益与潜在风险等多方面因素，厌氧消化是国内外公认的最有效、最经济的污泥处理技术。在此过程中，污泥中致病菌得到杀灭，污泥得到显著的稳定与减量，且污泥中的有机物得到了有效的回收与利用，生成具有经济价值的甲烷，同时也减少了温室气体的排放。因此，污泥厌氧消化产甲烷在全世界的剩余污泥处理中得到了广泛的应用，而污泥厌氧消化系统的解析、调控及优化也引起了各国研究者的关注，成为国内外持续的研究热点。

在水处理领域中，絮凝法具有操作方便、处理效率高、成本相对较低等优点，在工业废水和生活污水处理中应用十分广泛。污泥中也不可避免地吸收和浓缩了大量的混凝剂和絮凝剂。一方面，由于絮凝剂/混凝剂的种类多种多样，其水解产物复杂多变，絮凝剂/混凝剂的存在可能会对剩余污泥厌氧消化产生不利影响，导致剩余污泥中可利用资源不能得到有效回收；另一方面，絮凝剂/混凝剂在厌氧消化过程中会发生一定的降解，其本身以及降解产物会在消化后通过消化污泥的进一步处理处置进入到环境，从而给生态环境带来潜在风险。

因此，从絮凝剂的类别、存在的现状以及在厌氧消化中的迁移转化出发，对絮凝剂在厌氧系统中的宏观影响以及微观机理进行系统性的总结，并针对有害影响提出调控措施，在理论知识与实际应用之间架起一架桥梁，为日后污泥消化系统的深度控制提供理论依据和技术参考。但是由于实际情况的复杂性，以及实验条件的有限性，目前许多的实验研究还存在一些不够完善的地方。

① 对多种絮凝剂/混凝剂的联合使用情况缺乏考虑。在实际工程中，为了达到好的水处理效果，絮凝剂可能是多种联合使用，而并非仅添加某单一絮凝剂/混凝剂。这种联合使用不仅增加了絮体密度和硬度，也降低了絮凝剂的消耗，改善了污水处理的出水水质。此外，相对于使用单一絮凝剂，絮凝剂联合使用会使絮体更加紧密，也可能使得其厌氧资源化的难度加大。

② 调控措施缺少经济性的分析。某些研究所采用的调控预处理技术和产甲烷潜势分析实验均是在实验室进行的，其中化学药剂投加量、预处理过程能耗等指标并未做详细统计计算。因此，仅只有定性的对比分析，缺乏对预处理调控技术的经济性分析。在实际工作中有必要对预处理调控技术进行生命周期评价，同时考虑经济效益和环境效益。

③ 絮凝剂对高固污泥厌氧过程影响的研究相对较少。鉴于国内大部分中小型污水处理厂采用剩余污泥集中转运集中处理的形式，为了节约运输成本并减少恶臭产生，污泥被转运之前需要经过浓缩脱水，这就使得污泥含固率增高，污泥本身也从流动态变为黏稠状甚至固体，使得厌氧消化的难度进一步提升。因此絮凝剂对高固污泥厌氧过程的影响也是研究人员需要进一步探索的方向。

④ 絮凝剂的代谢产物对污泥厌氧消化过程的影响需要进一步加强。鉴于不同絮凝剂其本身理化性质差异巨大，尤其是无机絮凝剂和有机絮凝剂之间，虽然对污水中的污染物都有絮凝沉降的能力，但是不同絮凝剂水解产物或降解产物千差万别。深入研究不同的代谢产物对污泥厌氧消化过程或微生物生态的影响，能对调控含絮凝剂污泥的厌氧消化过程提供基础的

污泥厌氧消化过程中残余
絮凝剂影响及调控

理论指导。

7.3 趋势分析

随着经济的发展，研究的深入以及人们环境保护意识的增强，为了应对多变的水环境，污泥厌氧消化过程中参与絮凝剂的影响及调控趋势分析如下。

① 关注厌氧消化系统中天然絮凝剂的资源化利用。人工合成絮凝剂，其难降解性和毒性等问题日益突出，这使得具有易降解、无毒等优越性能的天然型高分子絮凝剂再一次引起了科研工作者的广泛关注[6]。实际上，利用天然高分子絮凝剂进行水处理最早可以追溯到古埃及，而我国在西汉时期就有人利用仙人掌分泌的乳汁作为絮凝剂，效果非常显著，这也意味着天然絮凝剂有着巨大的发展空间。因此，将天然高分子型絮凝剂进行化学改性是近年来主要被研究、开发利用的热点[7]。在人工合成絮凝剂大量使用阶段，于厌氧消化系统而言，相关从业者的关注重点是如何削弱甚至消除絮凝剂带来的产甲烷抑制；如果天然絮凝剂得到普及，其视角可以转向天然絮凝剂作为资源能源的重回收利用。但是目前关于改性天然高分子絮凝剂对污泥厌氧消化过程中的基质贡献研究还很少，这值得重点关注。

② 机理研究进一步加深。在后续研究中，可以从微观层面对絮凝剂对厌氧消化的影响机制进行更深入的研究，从而为工程实践提供更有力的指导。例如采用显微镜等对絮体结构进行更深入的观察记录；利用微生物学手段探究此过程中微生物生态的变化；利用质谱-色谱联用观察厌氧消化系统中絮凝剂代谢产物浓度和形态的转变；利用电感耦合等离子体等手段检测金属絮凝剂在不同相态中的迁移；通过微观-宏观、理论-实践的全方位研究，可以对含絮凝剂污泥厌氧消化过程的调控提出更好的解决方案。

③ 考虑采用多种调控手段。例如，在含絮凝剂厌氧消化系统中尝试利用生物碱来提高微生物代谢活性，强化水解酸化过程，减小由于絮凝剂造成的传质阻力；提高搅拌速度和强度，使物料和微生物之间进行充分的混匀，从而提升含絮凝剂污泥厌氧消化效率。有研究表明，通过电流刺激可以起到促进细胞增殖，加速微生物新陈代谢的作用，因此，通过合适的电

刺激，也可能对含絮凝剂污泥的厌氧消化过程起到促进的作用。

④ 关注污泥厌氧消化后残留物的处理处置。当絮凝剂/混凝剂加入污泥厌氧消化过程中时会进行一系列的迁移转化过程，前文已经证实了大部分絮凝剂对污泥的厌氧消化产生不利影响，并针对不利影响提出了调控措施，但是忽略了絮凝剂/混凝剂的加入对消化后残留污泥的性状也会产生一系列影响，这需要进一步的研究。

⑤ 强化理论与工程实践的结合。由于水质、运行规模、水处理工艺等各方面的差异，实验室的研究成果应用到工程实践中还有一段路要走。在提供系统化的理论指导的基础上，加强中试和实际工程的应用也是未来发展的必然方向，也是最终目的之一。因此，理论与实践的结合是未来极为重要的发展趋势。

参考文献

[1] Lu J Y，Wang X M，Liu H Q，et al. Optimizing operation of municipal wastewater treatment plants in China：The remaining barriers and future implications [J]．Environ Int，2019，129：273-278.

[2] 戴晓虎．我国城镇污泥处理处置现状及思考 [J]．给水排水，2012，48（02）：1-5.

[3] 李果．自热式好氧厌氧一体化反应器处理城镇污水厂污泥的试验研究 [D]．重庆：重庆大学，2014.

[4] 赵建伟．盐度和油脂对餐厨垃圾和剩余污泥厌氧发酵产短链脂肪酸的影响与机理 [D]．长沙：湖南大学，2018.

[5] 戴晓虎．城镇污水处理厂污泥稳定化处理的必要性和迫切性的思考 [J]．给水排水，2017，53（12）：1-5.

[6] 李聪．改性阳离子型天然高分子絮凝剂的制备及应用 [D]．西安：陕西科技大学，2013.

[7] 万玉龙．天然高分子絮凝剂在工业污水处理中的应用 [J]．皮革制作与环保科技，2020，1（16）：72-76.

附　录

附录 1　专业词汇索引

英文缩写	英文全称	中文表述
AA	Acrylic Acid	丙烯酸
AM	Acrylamide	丙烯酰胺
BSA	Bovine Serum Albumin	牛血清白蛋白
COD	Chemical Oxygen Demand	化学需氧量
cPAM	Cationicpolyacrylamides	阳离子聚丙烯酰胺
CTS	Hitosan	壳聚糖
EPS	Extracellular Polymer	胞外聚合物
HRT	Hydraulic Retention Time	水力停留时间
MW	Molecular Weight	分子量
NOM	Natural Organicmatter	天然有机物
OLR	Organic Loading Rate	有机负荷
ORP	Oxidation-reduction Potential	氧化还原电位
PAA	Polyacrylic Acid	聚丙烯酸
PAC	Poly Aluminum Chloride	聚合氯化铝
PAM	Polyscrylamide	聚丙烯酰胺
PDMDAAC	Poly Dimethyl Diallyl Ammonium Chloride	聚二甲基二烯丙基氯化铵
PFS	Polymerized Ferrous Sulfate	聚合硫酸铁
SCFAs	Short-chain Fatty Acids	短链脂肪酸
SRT	Solid Retention Time	固体停留时间
SS	Suspend Solid	悬浮固体颗粒物
TSS	Total Suspended Solids	总悬浮固体
VSS	Volatile Suspended Solids	挥发性悬浮固体

附录 2　《污泥无害化处理和资源化利用实施方案》 （发改环资 ［2022］ 1453 号）

实施污泥无害化处理，推进资源化利用，是深入打好污染防治攻坚战，实现减污降碳协同增效，建设美丽中国的重要举措。党的十八大以来，我国城镇生活污水收集处理取得显著成效，污泥无害化处理能力明显增强，但仍然存在"重水轻泥"问题，污泥处理设施建设总体滞后，无害化处理和资源化利用水平不高，甚至出现污泥违规处置和非法转移等违法行为。为深入贯彻习近平生态文明思想，认真落实经国务院同意的《关于推进污水资源化利用的指导意见》，提高污泥无害化处理和资源化利用水平，制定本方案。

一、总体要求

（一）基本原则

统筹兼顾、因地制宜。满足近远期需求，兼顾应急处理，尽力而为、量力而行，合理规划设施布局，补齐能力缺口。根据本地实际情况，合理选择处理路径和技术路线。稳定可靠、绿色低碳。秉承"绿色、循环、低碳、生态"理念，强化源头污染控制，在安全、环保和经济的前提下，积极回收利用污泥中的能源和资源，实现减污降碳协同增效。政府主导，市场运作。加大政府投入，强化政策引导，严格监督问责，更好发挥政府作用。完善价格机制，拓宽投融资渠道，创新商业模式，发挥市场配置资源的决定性作用。

（二）主要目标

到 2025 年，全国新增污泥（含水率 80％的湿污泥）无害化处置设施规模不少于 2 万吨/日，城市污泥无害化处置率达到 90％以上，地级及以上城市达到 95％以上，基本形成设施完备、运行安全、绿色低碳、监管有效的污泥无害化资源化处理体系。污泥土地利用方式得到有效推广。京津冀、长江经济带、东部地区城市和县城，黄河干流沿线城市污泥填埋比例明显降低。县城和建制镇污泥无害化处理和资源化利用水平显著提升。

二、优化处理结构

（三）规范污泥处理方式。根据本地污泥来源、产量和泥质，综合考虑各地自然地理条件、用地条件、环境承载能力和经济发展水平等实际情况，因地制宜合理选择污泥处理路径和技术路线。鼓励采用厌氧消化、好氧发酵、干化焚烧、土地利用、建材利用等多元化组合方式处理污泥。除焚烧处理方式外，严禁将不符合泥质控制指标要求的工业污泥与城镇污水处理厂污泥混合处理。

（四）积极推广污泥土地利用。鼓励将城镇生活污水处理厂产生的污泥经厌氧消化或好氧发酵处理后，作为肥料或土壤改良剂，用于国土绿化、园林建设、废弃矿场以及非农用的盐碱地和沙化地。污泥作为肥料或土壤改良剂时，应严格执行相关国家、行业和地方标准。用于林地、草地、国土绿化时，应根据不同地域的土质和植物习性等，确定合理的施用范围、施用量、施用方法和施用时间。对于含有毒有害水污染物的工业废水和生活污水混合处理的污水处理厂产生的污泥，不能采用土地利用方式。

（五）合理压减污泥填埋规模。东部地区城市、中西部地区大中型城市以及其他地区有条件的城市，逐步限制污泥填埋处理，积极采用资源化利用等替代处理方案，明确时间表和路线图。暂不具备土地利用、焚烧处理和建材利用条件的地区，在污泥满足含水率小于60％的前提下，可采用卫生填埋处置。禁止未经脱水处理达标的污泥在垃圾填埋场填埋。采用污泥协同处置方式的，在满足《生活垃圾填埋场污染控制标准》的前提下，卫生填埋可作为协同处置设施故障或检修等情况时的应急处置措施。

（六）有序推进污泥焚烧处理。污泥产生量大、土地资源紧缺、人口聚集程度高、经济条件好的城市，鼓励建设污泥集中焚烧设施。含重金属和难以生化降解的有毒有害有机物的污泥，应优先采用集中或协同焚烧方式处理。污泥单独焚烧时，鼓励采用干化和焚烧联用，通过优化设计，采用高效节能设备和余热利用技术等手段，提高污泥热能利用效率。有效利用本地垃圾焚烧厂、火力发电厂、水泥窑等窑炉处理能力，协同焚烧处置污泥，同时做好相关窑炉检修、停产时的污泥处理预案和替代方案。污泥焚烧处置企业污染物排放不符合管控要求的，需开展污染治理改造，提升污染治理水平。

（七）推广能量和物质回收利用。遵循"安全环保、稳妥可靠"的要求，加大污泥能源资源回收利用。积极采用好氧发酵等堆肥工艺，回收利用污泥中氮磷等营养物质。鼓励将污泥焚烧灰渣建材化和资源化利用。推广污水源热泵技术、污泥沼气热电联产技术，实现厂区或周边区域供热供冷。推广"光伏＋"模式，在厂区屋顶布置太阳能发电设施。积极推广建设能源资源高效循环利用的污水处理绿色低碳标杆厂，实现减污降碳协同增效。探索建立行业采信机制，畅通污泥资源化产品市场出路。

三、加强设施建设

（八）提升现有设施效能。建立健全污水污泥处理设施普查建档制度，摸清现有污泥处理设施的覆盖范围、处理能力和运行效果。对处理水平低、运行状况差、二次污染风险大、不符合标准要求的污泥处理设施，及时开展升级改造，改造后仍未达到标准的项目不得投入使用。污水处理设施改扩建时，如厂区空间允许，应同步建设污泥减量化、稳定化处理设施。

（九）补齐设施缺口。加快污水收集管网建设改造，提高城镇生活污水集中收集效能，解决部分污水处理厂进水生化需氧量浓度偏低的问题。因地制宜推行雨污分流改造。以市县为单元合理测算本区域中长期污泥产生量，现有能力不能满足需求的，加快补齐处理设施缺口。鼓励大中型城市适度超前建设规模化污泥集中处理设施，统筹布局建设县城与建制镇污泥处理设施，鼓励处理设施共建共享。新建污水处理设施时，应同步配建污泥减量化、稳定化处理设施，建设规模应同时满足污泥存量和增量处理需求。统筹城市有机废弃物的综合协同处理，鼓励将污泥处理设施纳入静脉产业园区。落实《城镇排水与污水处理条例》，保障污泥处理设施用地，加强宣传引导，有效消除邻避效应。

四、强化过程管理

（十）强化源头管控。新建冶金、电镀、化工、印染、原料药制造（有工业废水处理资质且出水达到国家标准的原料药制造企业除外）等工业企业排放的含重金属或难以生化降解废水以及有关工业企业排放的高盐废水，不得排入市政污水收集处理设施。工业企业污水已经进入市政污水收集处理设施的，要加强排查和评估，强化有毒有害物质的源头管控，确保污泥泥质符合国家规定的城镇污水处理厂污泥泥质控制指标要求。地方城镇排水主管部门要加强排水许可管理，规范污水处理厂运行管理。生态环境主管部门要加强排污许可管理，强化监管执法，推动排污企业达标排放。

（十一）强化运输储存管理。污泥运输应当采用管道、密闭车辆和密闭驳船等方式，运输过程中采用密封、防水、防渗漏和防遗撒等措施。推行污泥转运联单跟踪制度。需要设置污泥中转站和储存设施的，应充分考虑周边人群防护距离，采取恶臭污染防治措施，依法建设运行维护。严禁偷排、随意倾倒污泥，杜绝二次污染。

（十二）强化监督管理。鼓励各地根据实际情况对污泥产生、运输、处理进行全流程信息化管理，结合信息平台、大数据中心，做好污泥去向追溯。强化污泥处理过程数据分析，优化运行方式，实现精细化管理。城镇污水、污泥处理企业应当依法将污泥去向、用途、用量等定期向城镇排水、生态环境部门报告。污泥填埋设施运营企业应按照国家相关标准和规范，定期对污泥泥质进行检测，确保达标处理。将污泥处理和运输相关企业纳入相关领域信用管理体系。

五、完善保障措施

（十三）压实各方责任。各地要结合本地实际组织制定相关污泥无害化资源化利用实施方案，做好设施建设项目谋划和储备，加强设施运营和监管。城镇污水、污泥处理企业切实履行直接责任，依据国家和地方相关污染控制标准及技术规范，确保污泥依法合规处理。

（十四）强化技术支撑。将污泥无害化资源化处理关键技术攻关纳入生态环境领域科技创新等规划。重点突破污泥稳定化和无害化处理、资源化利用、协同处置、污水厂内减量等共性和关键技术装备，开展污泥处理和资源化利用创新技术应用。总结推广先进适用技术和实践案例。健全污泥无害化处理及资源化利用标准体系，加快制修订污泥处理相关技术标准、污泥处理产物及衍生产品标准，做好与跨行业产品标准的衔接。

（十五）完善价费机制。做好污水处理成本监审，污水处理费应覆盖污水处理设施正常运营和污泥处理成本并有一定盈利。完善污水处理费动态调整机制。推动建立与污泥无害化稳定化处理效果挂钩的按效付费机制。鼓励采用政府购买服务方式推动污泥无害化处理和资源化利用，确保污泥处理设施正常稳定运行。完善污泥资源化产品市场化定价机制。

（十六）拓宽融资渠道。各级政府建立完善多元化的资金投入保障机制。发行地方政府专项债券支持符合条件的污泥处理设施建设项目，中央预算内投资加大支持力度。对于国家鼓励发展的污泥处理技术和设备，符合条件的可按规定享受税收优惠。推动符合条件的规模化污泥集中处理设施项目发行基础设施领域不动产投资信托基金（REITs）。鼓励通过生态环境导向的开发（EOD）模式、特许经营等多种方式建立多元化投资和运营机制，引导社会资金参与污泥处理设施建设和运营。

附录 3   《城镇污水处理厂污泥处理稳定标准》（CJ/T 510—2017）【节选】

厌氧消化控制指标

常规污泥厌氧消化工艺，可采用处理后污泥控制指标或过程控制指标。处理后污泥控制指标及限值应符合表1的规定，过程控制指标及限值应符合表2的规定。

表 1   污泥厌氧消化处理后污泥控制指标及限值

控制指标	限值
有机物去除率/%	＞40
粪大肠菌群菌值	＞0.5×10^{-4}

表 2   常规污泥厌氧消化过程控制指标及限值

控制指标	限值
温度/℃	35±2
固体停留时间/d	＞20
脂肪酸（VFA）/（mg/L）	＜300
总碱度（ALK）/（mg/L）	2000～5000
VFA/ALK	0.1～0.2

厌氧消化稳定评价

污泥厌氧消化处理后污泥稳定达标率应按式（1）计算：

$$F_1 = \frac{0.5 D_{VSR} + 0.5 D_{Pa}}{D_0} \qquad (1)$$

式中 F_1——厌氧消化处理后污泥稳定达标率（%）；

D_{VSR}——污泥有机物去除率达标天数，单位为天（d）；

D_{Pa}——污泥粪大肠菌群菌值达标天数，单位为天（d）；

D_0——评价周期内设施运行天数，单位为天（d）。

污泥厌氧消化处理过程稳定达标率应按式（2）计算：

$$F_2 = \frac{0.3D_{TEM} + 0.3D_{SRT} + 0.2D_{VFA} + 0.1D_{ALK} + 0.1D_{VFA/ALK}}{D_0} \quad (2)$$

式中　F_2——厌氧消化处理过程污泥稳定达标率（％）；

D_{TEM}——污泥温度达标天数，单位为天（d）；

D_{SRT}——污泥固体停留时间达标天数，单位为天（d），根据污泥投配率计算；

D_{VFA}——污泥 VFA 达标天数，单位为天（d）；

D_{ALK}——污泥 ALK 达标天数，单位为天（d）；

$D_{VFA/ALK}$——污泥 VFA/ALK 达标天数，单位为天（d）。

污泥厌氧消化评价周期应不小于 60d，评价周期内设施运行天数不应小于评价周期的 80％。

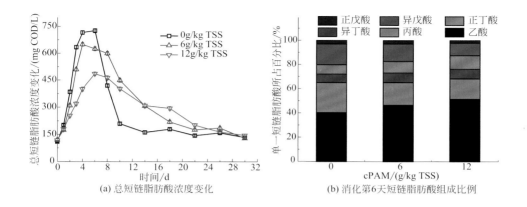

(a) 总短链脂肪酸浓度变化

(b) 消化第6天短链脂肪酸组成比例

图 3-10　不同浓度 PAM 厌氧消化反应器中挥发性短链脂肪酸含量的变化

和消化第 6 天短链脂肪酸组成比例情况

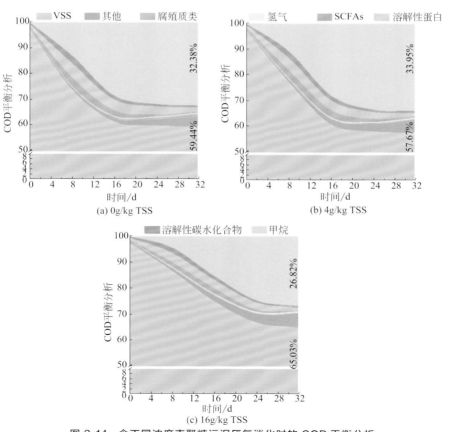

(a) 0g/kg TSS

(b) 4g/kg TSS

(c) 16g/kg TSS

图 3-14　含不同浓度壳聚糖污泥厌氧消化时的 COD 平衡分析

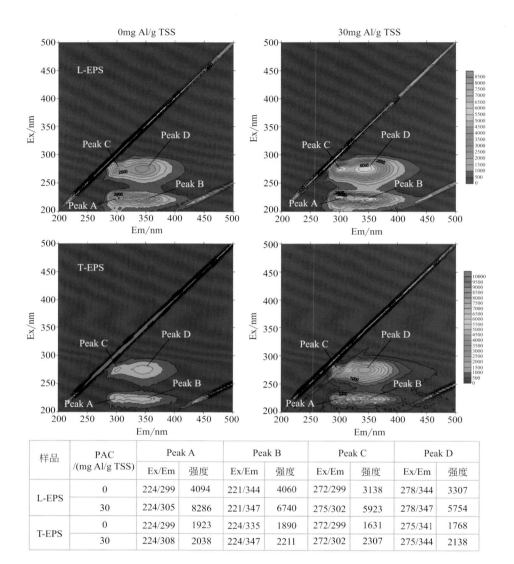

样品	PAC /(mg Al/g TSS)	Peak A		Peak B		Peak C		Peak D	
		Ex/Em	强度	Ex/Em	强度	Ex/Em	强度	Ex/Em	强度
L-EPS	0	224/299	4094	221/344	4060	272/299	3138	278/344	3307
	30	224/305	8286	221/347	6740	275/302	5923	278/347	5754
T-EPS	0	224/299	1923	224/335	1890	272/299	1631	275/341	1768
	30	224/308	2038	224/347	2211	272/302	2307	275/344	2138

图 4-5 污泥热预处理后空白污泥和 PAC 污泥各 EPS 部分

(L-EPS, T-EPS) 的三维荧光光谱比较

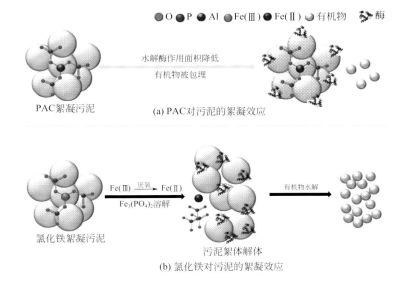

图 4-8 无机絮凝剂 FeCl₃ 和 PAC 对污泥的絮凝效应

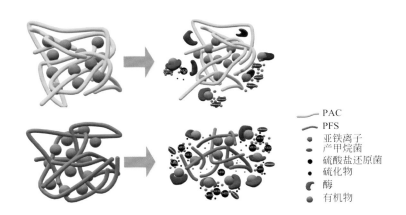

图 4-9 污泥厌氧消化过程中 PAC 和 PFS 的潜在影响

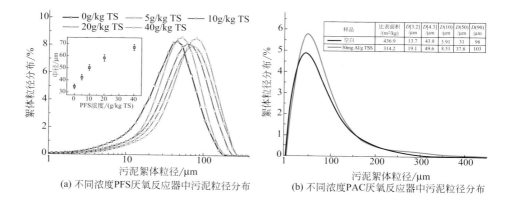

(a) 不同浓度PFS厌氧反应器中污泥粒径分布   (b) 不同浓度PAC厌氧反应器中污泥粒径分布

图 4-11　不同浓度 PFS 和 PAC 厌氧反应器中污泥粒径分布

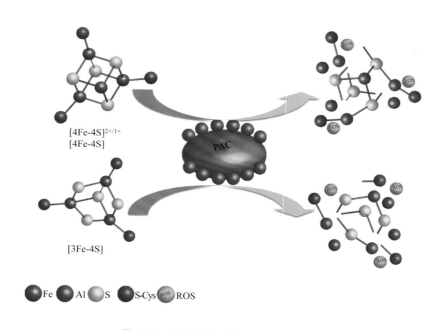

图 4-14　PAC 影响含铁酶活性机理示意

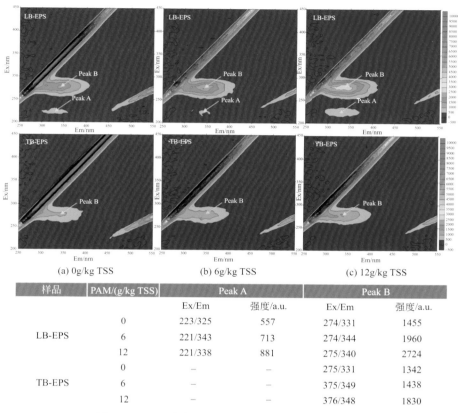

样品	PAM/(g/kg TSS)	Peak A		Peak B	
		Ex/Em	强度/a.u.	Ex/Em	强度/a.u.
LB-EPS	0	223/325	557	274/331	1455
	6	221/343	713	274/344	1960
	12	221/338	881	275/340	2724
TB-EPS	0	–	–	275/331	1342
	6	–	–	375/349	1438
	12	–	–	376/348	1830

图 4-21 不同浓度 PAM 存在时厌氧消化第 3 天污泥
LB-EPS 和 TB-EPS 的三维荧光光谱图

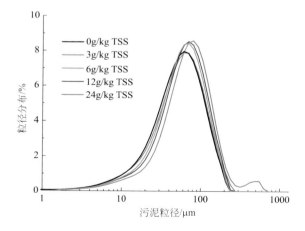

图 4-23 不同浓度 PAM 反应器中污泥絮体粒径分布

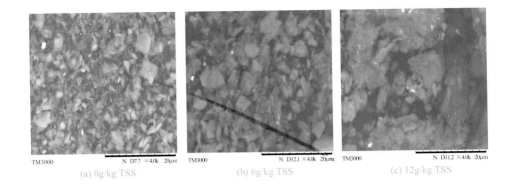

(a) 0g/kg TSS   (b) 6g/kg TSS   (c) 12g/kg TSS

图 4-24　添加不同剂量 PAM 混凝后的污泥扫描电镜图

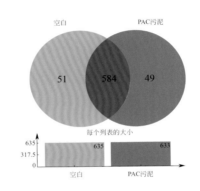

(a)含PAC污泥厌氧消化反应器

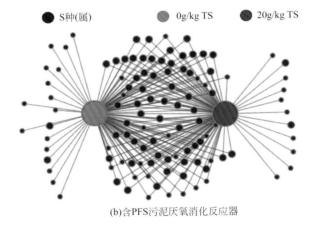

(b)含PFS污泥厌氧消化反应器

图 5-1　含 PAC 和 PFS 污泥厌氧消化反应器中基于微生物属水平分类的维恩图

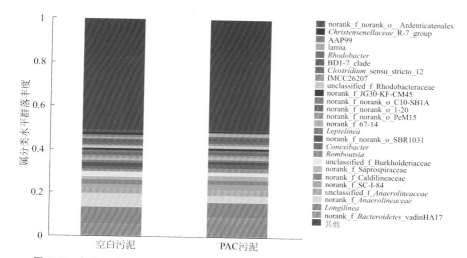

图 5-2　含 PAC 污泥和空白污泥厌氧消化反应器中属水平细菌微生物群落柱状图

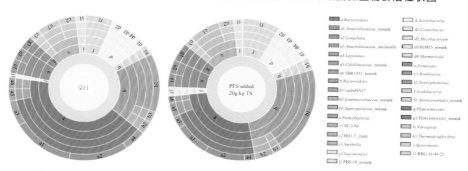

图 5-3　含 PFS 污泥和空白污泥厌氧消化反应器中属水平细菌微生物群落旭日图

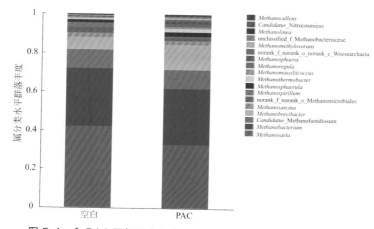

图 5-4　含 PAC 厌氧反应器中属分类水平古菌微生物群落柱状图

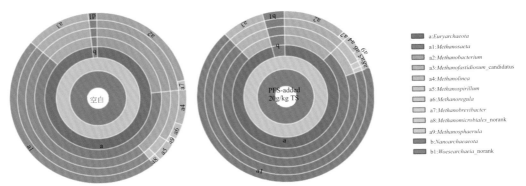

図 5-5 含有 PFS 厌氧消化反应器中属水平的古菌群落图

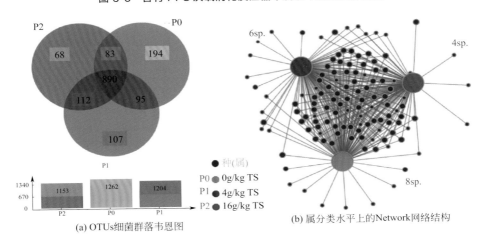

(a) OTUs细菌群落韦恩图

(b) 属分类水平上的Network网络结构

图 5-6 不同浓度 PAM 反应器中基于 97% 相似度的 OTUs 细菌群落韦恩图和属分类水平上的 Network 网络结构

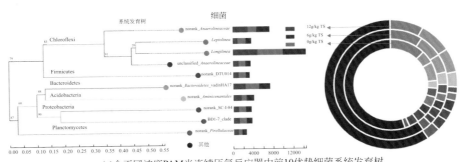

(a)含不同浓度PAM半连续厌氧反应器中前10优势细菌系统发育树

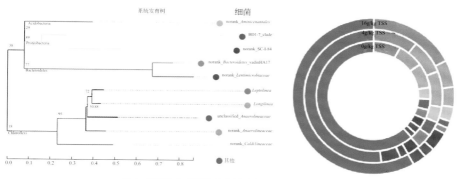

(b)含不同浓度壳聚糖半连续厌氧反应器中前10优势细菌系统发育树

图 5-7 含不同浓度 PAM 和壳聚糖半连续厌氧反应器中前 10 优势细菌系统发育树

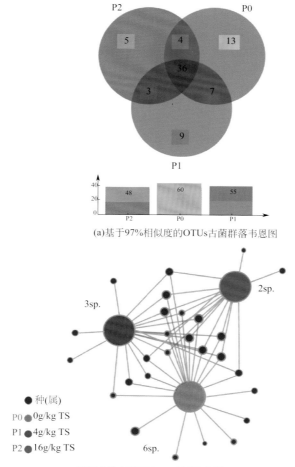

(a)基于97%相似度的OTUs古菌群落韦恩图

(b)属分类水平下Network网络分析

图 5-8 基于 97%相似度的 OTUs 古菌群落韦恩图和属分类水平下 Network 网络分析

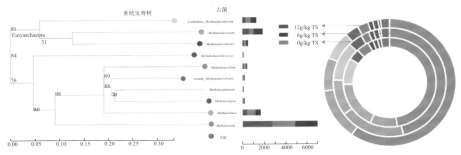

(a) 含不同浓度PAM半连续厌氧反应器中前10优势古菌系统发育树

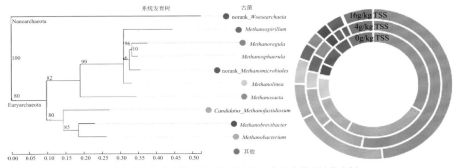

(b) 含不同浓度壳聚糖半连续厌氧反应器中前10优势古菌系统发育树

图 5-9　含不同浓度 PAM 和壳聚糖半连续厌氧反应器
中前 10 优势古菌系统发育树

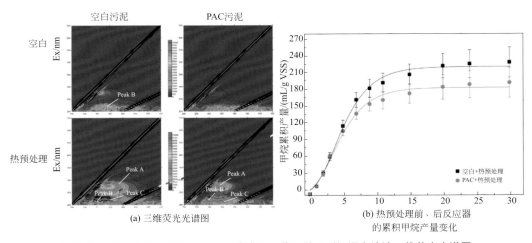

(a) 三维荧光光谱图

(b) 热预处理前、后反应器
的累积甲烷产量变化

图 6-1　30mg/g TSS PAC 污泥和空白污泥热预处理后污泥上清液三维荧光光谱图
以及热预处理前后反应器的累积甲烷产量

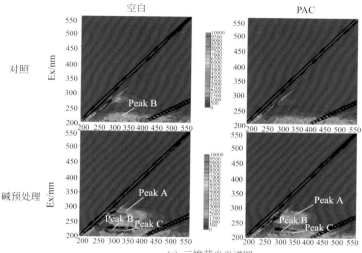

空白

PAC

对照

Ex/nm

Peak B

碱预处理

Ex/nm

Peak A

Peak B Peak C

Peak A

Peak B Peak C

(a) 三维荧光光谱图

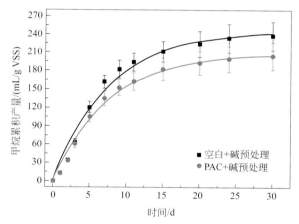

(b) 热预处理前后反应器的累积甲烷产量

图 6-9　30mg/g TSS PAC 污泥和空白污泥碱预处理后污泥上清液三维荧光光谱图
以及热预处理前后反应器的累积甲烷产量

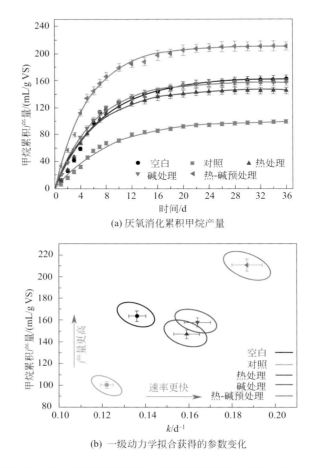

(a) 厌氧消化累积甲烷产量

(b) 一级动力学拟合获得的参数变化

图 6-12 热-碱预处理 PAM 絮凝污泥厌氧消化累积甲烷产量及一级动力学拟合获得的参数变化